营造传承
——教学与实践视野下的原型转译

刘少帅　著

中国建材工业出版社
北　京

图书在版编目（CIP）数据

营造传承：教学与实践视野下的原型转译/刘少帅
著．--北京：中国建材工业出版社，2024.9. -- ISBN
978-7-5160-4222-9

Ⅰ．TU2

中国国家版本馆 CIP 数据核字第 2024AG0931 号

内 容 简 介

本书根据笔者在北京联合大学工作期间，对于本土营造领域进行的部分思考和实践成果编写而成。全书以类型学线索组织内容，分为上篇"原型研究"和下篇"本土转译"两个部分。上篇首先梳理了传统营造领域的主要原型内容，下篇着重围绕当代社会语境，在实践和教学领域对传统营造原型展开转译及反思。两部分彼此可独立成篇。

本书适合建筑历史、建筑与环境设计相关领域的技术人员以及应用型高等院校相关师生参考阅读。

营造传承——教学与实践视野下的原型转译

YINGZAO CHUANCHENG—JIAOXUE YU SHIJIAN SHIYEXIA DE YUANXING ZHUANYI

刘少帅　著

出版发行：中国建材工业出版社

地　　址：北京市西城区白纸坊东街 2 号院 6 号楼

邮　　编：100054

经　　销：全国各地新华书店

印　　刷：北京雁林吉兆印刷有限公司

开　　本：787mm×1092mm　1/16

印　　张：9.75

字　　数：180 千字

版　　次：2024 年 9 月第 1 版

印　　次：2024 年 9 月第 1 次

定　　价：68.00 元

作者简介

　　刘少帅，1982 年 6 月出生，男，汉族，辽宁大连人，博士，毕业于中央美术学院建筑学院，现为北京联合大学环境设计专业教师、艺术学院创意设计系副主任。主要研究方向为建筑与环境设计及其理论。

　　曾获中央美术学院优秀研究生毕业作品奖；作为嘉宾参与清华大学美术学院-清华大学建筑学院 TOPS 论坛、北京上方美术馆首届城市论坛等活动。论文曾发表于《装饰》《家具与室内装饰》等学术期刊；主持北京市教育科学"十三五"规划青年专项课题一项；参与多项国家级、省部级科研项目。指导学生多次获得校内外专业竞赛奖项。

前　言

　　中国人居环境的营造历史源远流长，虽然目前还无法确定为中华大地播下营造火种的有巢氏是一个人还是一群人，但毋庸置疑的是，在中华民族五千年的文明史中，"营造"作为社会经济、政治、文化的综合载体一直与本土其他领域文化共同绵延发展。中国本土悠长的营造文化只是到了近现代受到西方文化和技术的冲击后，才基本中断了自我迭代的历程。

　　自现代建筑教育进入中国以来，本土设计师以及教育从业者在思考方式、教学模式、实践方法上的转变，无疑是"先进"对"落后"的胜利。然而，这一过程在整个20世纪越来越演变为一场去"本土化"的游戏。进入21世纪，随着本土设计师民族意识的逐渐觉醒，能够看到一些建筑设计、环境设计的作品，开始探讨中国本土文化的表达途径，这种转向对于重新织补营造文化在近代以来缺失的部分，显然有积极的意义。但是，中国的应用型高校的建筑与环境设计教育是否能够跟上这一积极的变化，传统营造文化是否能以更为积极的姿态融入当代的设计教育和实践，仍然值得深入思考。

　　本书缘起于笔者从教以来对本土应用型高校建筑与环境设计教育的反思，依托北京市教育科学"十三五"规划青年课题的资助，以近年来在相关领域教学和实践产生的新思考为契机，对自身在该领域的成果和思考进行汇编集结。全书围绕当代本土文化视野下，

"传统营造"要素在建筑与环境设计专业教学中的介入姿态和转译途径展开，尝试以类型学研究方法，通过术语溯源、案例解析、转译思辨等具体手段，客观对待中国传统营造文化，聚焦中国传统营造的底层逻辑，进而探寻具有本土特色的应用型教学途径。

本书按内容分为上篇"原型研究"和下篇"本土转译"两个部分，分别对应传统营造领域各类原型的追溯和分析、本土营造理念下的转译及反思，两者彼此可独立成篇。其中下篇汇聚了笔者近年来在建筑与环境设计教学领域的主要研究成果和理论思考，涵盖设计实践、教学案例、期刊论文、自建慕课等内容，也对参与专业活动的部分学术观点进行了梳理和编辑，集中阐释观点。

刘少帅

2024 年 5 月

目　录

上篇　原型研究

下篇　本土转译

上 篇

原型研究

提到原型与类型的概念，往往让人联想到法国建筑理论家迪朗（Jean-Nicolas-Louis Durand）的早期建筑类型学理论。在编写的教程中，迪朗总结了欧洲历史上的重要建筑，将这些经典案例以相同的比例尺绘制成平、立、剖面图，并制成网格化图表用于研习，提升了当时设计实践和教学流程的效率。与迪朗生活在同一时代的理论家昆西（Quatremere de Quincy）则对模型与类型的概念做了进一步区分，他认为模型更偏向对事物本身的重复模仿；类型作为抽象的概念，指代某些具有相同本质的事物，而并不意味着对事物形象的抄袭和完全的模仿。

在中国传统文化的语境中，工程营建领域似乎并不强调对事物原型与类型关系的严密思考，更重视由实际经验积累产生的习惯。但事实上，无论是设计观念抑或是具体的工程操作方法，中国古代都有可以称为"原型"的内容，中国历代也有围绕这些本土"原型"的思考和演绎。如果能够在源头上明晰中国传统营造的原理，将有助于相关专业的实践和教学衍生出更多当代本土类型。

1

传统营造意匠与工法的原型

中国古代城市、建筑的营造在思想观念上的内容常被表述为"建筑意匠"，包括对设计策略、谋划过程、实施方法等方面的综合考量。"意匠"二字较早见于晋陆机《文赋》中的"辞程才以效伎，意司契而为匠。"随着中国社会文化的发展，"意匠"也融入了营造领域，逐渐成为对营造活动相对统一的社会观念，并成为一种文化上的传承，强调所营造的空间场所要与自然、文化、社会密切关联。在中国古代，建筑意匠是各类营造活动的重要组成部分，它涉及城市与建筑在选址、布局、设计、装饰等方面相对稳定恒久的观念意识。而一个工程是否能够顺利实施，工程完成后的品质是否能够满足使用需求，则与营造活动中具体的实践操作方法息息相关。尽管"工法"属于技术工艺层面的内容，似乎在每个具体项目上都有不少差异，但不可否认的是，经过中国古人长期的实践和思考后，某些工法已经在营造活动中长久地传承下来，并形成了一种文化。

营造领域的"意匠"与"工法"反映了哪些深层次的中国传统文化现象，它们又是如何影响中国古代建筑的形象和实施方案的，这些内容对于当代中国本土的教学与实践又有哪些价值，仍然是非常有趣的话题。

1.1 传统营造思想观念中的原型内容

中国古代建筑意匠有自己独特的诞生土壤。一方面，中国作为早期农业文明的代表，很早就与气象、土地、时令有了羁绊，这使中国古人对天地所代表的自然环境一直怀有敬畏，并对天、地、人之间的关系产生各种联想。比如，自然现象中出现某种积极的暗示，就会预示某种人类活动未来的成功。这在一定程度上反映出中国古人尊重自然，希望获得天、地、人和谐关系的态度。另一方面，中国在历史上统一、分裂，再到统一的状态交替发生，客观上有利于中华文化的传播和融合，也让中国人对自古以来的文化习惯产生越来越多的认同。中国儒家文化也因为连续受到多个大一统王朝的推崇而占据中国封建思想的主流，经由儒家学者改良的《周礼》则成为包括建筑意匠在内，全社会都要遵守的礼法制度。

中国古代进行建筑意匠的人既有"将作监"也有普通的匠人，大约可以对应今天的住房城乡建设部部长以及广大普通建筑师、工程师。古代的主流社会观念认为：建筑是"匠人"所从事的工作，属于"匠业"，因此其职业地位较难获得社会认可。到了近现代，很多人认为中国建筑意匠是一种实践经验的积累，缺少科学思维的支撑，一定程度上给"匠"字注入了更多的消极含义。然而毋庸置疑的是，中国古代的建筑意匠在城市建设和建筑营造方面都发挥了重要作用，创造出灿烂的中国建筑文化。这些属于中国人的思想观念以其特有的机制长久影响着本土的营造活动。

中国古代的营造活动在一定程度上是依靠经验进行的，但并非不依靠科学思维。在建筑设计和施工方面，古代的工匠们通过观察和总结自然现象，结合五行等传统观念，逐渐形成了独特的营造方法和技艺。这些方法和技艺在不断实践中得到了验证和优化，形成了经验知识，并在传承中成为了思想观念。同时，中国古代的营造活动也会依靠科学思维。例如在建筑单体营造上，古代的工匠们已经掌握了基本的结构原理和材料特性，并运用数学和几何知识进行计算和设计。实践经验、社会文化、礼法制度以及工匠群体的智慧相互触碰，共同形成了若干典型的观念，这些观念可以视作传统营造中的原型理念。

1.1.1 天地人和的宇宙观

在影响中国古代城市与建筑营造的观念中，"天地人和"是最为根本的一种。中华大地上的远古祖先在繁衍生息的过程中，由于当时无法预知即将到来的各种自然现象，因此对"天地"所代表的自然力量怀有极大的敬畏，"天"也在人类社会中被逐渐拟人化，具有了宇宙的最高权力意志。西周以后有了"天人合一"的表述，在《周易·系辞》中又提及"仰则观象于天，俯则观法于地"，逐步形成了一种较为系统地强调人与自然和谐共处的宇宙观。

中国古代城市和建筑的营造也一直在回应着"天地人和"的宇宙观。在城市建设方面，王城的营建普遍遵循这一观念，例如在北京城的规划设计中，皇宫位于城市的中心位置，象征着皇帝居于天地之中，统领四方的权威。紫禁城的命名也有天人合一的意味。由于古人认为天地是紧密联系的整体，而且能够互相对应，于是地上有皇帝，天上就有天帝，地上有皇宫，天上就有紫微宫。紫字取星官三垣之中，中垣紫微之意。紫微宫居于宇宙正中心，是天帝的居所，那么天子居住的宫殿也应为紫宫，紫为"紫微正中"之意，意味皇宫也是人间的"正中"，紫禁城的名字便由此而来。同时，城市中的街道、水系等也遵循着一定的规律和布局，往往既照顾了当地的自然条件，又有了象征意义，形成了城市与自然环境相互协调的整体格局。

在建筑单体营造上同样遵循这一观念。《左传》提到"国之大事，在祀与戎"，说的是国家最重要的事情，在于祭祀和军事。中国古代用于祭祀的建筑被称为坛庙建筑，而其中最重要的一类就是用于祭祀昊天上帝的明堂。这类建筑是古代帝王所建的最隆重的建筑物，皇帝作为天子在这里朝会诸侯、发布政令、祭祀天地与祖先。在进行"意匠"的时候，中国古人对这类建筑蕴含的"天地人和"观念尤为关注。以万象神宫为例，这是武则天在迁都洛阳之后，在洛阳建的象征国运的礼制建筑。687年始建，次年底建成。在《资治通鉴》里对它有这样一番描述："辛亥，明堂成，高二百九十四尺，方三百尺。凡三层：下层法四时，各随方色；中层法十二辰；上为圆盖，九龙捧之。上施铁凤，高一丈，饰以黄金。"按照这个表述可以猜测，万象神宫一共三层，高度能达到近 90m。底层方形平面象征四季；中层平面的十二边形效法十二时辰；上层二十四边形，近似圆形，这个则寓意二十四节气。武则天这位杰出的女性除了给当时的政治经济领域带来很多新的变化，在建筑设计上也偏好新的形制，提倡"自我作古"。比如万象神宫的设计就一改前朝的方形平面设计习惯，把上层建筑改成了象征天圆的圆形平面布局，建筑本身平面布局为中央集中式，强调中心对称性，而形式所寓意的内涵也往往都与四时、天象、星辰等存在关联（图 1-1）。尽管万象神宫地面部分已不存，但它这种对天地时令隐喻式的"意匠"对后世的礼制建筑影响深远，天坛祈年殿的形制就明显受到万象神宫的影响。祈年殿的布局和设计寓意"天圆地方"的哲学思想，其内部结构柱在数量上具有象征意义。比如中间四根大柱称为"龙井柱"，象征着一年的春夏秋冬四季；中层十二根大柱比龙井柱略细，名为金柱，象征一年的十二个月；外层十二根柱子叫檐柱，象征一天的十二个时辰；中外两层柱子共二十四根，象征二十四节气。反映出"天地人和"观念在悠久历史中的持续传承。

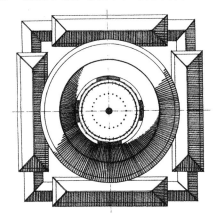

洛阳万象神宫(武则天明堂)复原三层平面图

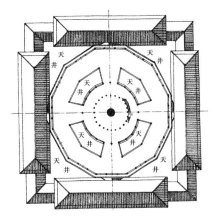

洛阳万象神宫(武则天明堂)复原二层平面图

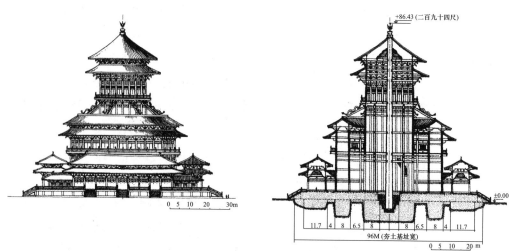

洛阳万象神宫(武则天明堂)复原南立面图　　　洛阳万象神宫(武则天明堂)复原剖面图

图 1-1　洛阳万象神宫的复原图像

1.1.2　阴阳有序的世界观

世界观是古代中国人观察和理解自然、社会、道德、人性等现象及彼此关系的观念认识。在天地人和宇宙观的总体定位下，中国古人通过对天与地、日与夜、水与火、阴与晴、男与女等自然现象以及对盛衰、治乱等社会现象的认识和理解，到商周时期已经形成了后来被称为"阴阳"的一系列对立统一的观念。阴阳双方相互依存，没有其中一方，也就没有对立的另一方。阴和阳任何一方都不能脱离另一方而单独存在，于是形成一种平衡的状态。在相互依存的同时，阴阳各自也存在着量的变化，阳长阴消，阴长阳消，这是自然规律。阴阳双方在一定条件下可以相互转化，阴可以转化为阳，阳也可以转化为阴。比如四季的更替，由春到夏，再由夏到秋，最后由秋到冬，就是阴阳转化的体现。《易经》《易传》对此有诸多解读。

中国古代的建筑意匠也遵从阴阳有序的观念。《道德经》提及"凿户牖以为室，当其无，有室之用"，意为在进行建筑设计时，通过开凿门窗建造房屋，中间是空着的，才能让人居住在里面，可以理解为"有""无"这对阴阳关系在营造居室空间时的相互作用和转化。建筑的选址崇尚"负阴抱阳"的观念，倡导的是在选择建筑地点时，要尽量选择背靠阴、面向阳的环境。有山水要素并存时，则山属静为阴，水属动为阳。具体来说，就是建筑地基的后面要有一座高大的山峰，左右两侧则要相对较低，形成负阴抱阳的格局。从现代科学角度来看，这种布局有利于形成良好的生态循环，背山可以挡住冬季北向寒风，避免冷空气侵入；面阳则可以迎接南向季风，保持空气流通，还有利于房屋的采光。此外，古代木构建筑重要的榫卯做法也

体现了这样的观念，榫卯可以理解为一种"凹凸"关系，在一处构件中有被切削的
部分，就有与之相反的凸出部分，榫卯的做法极为多样，能够在各种"此消彼长"
的咬合中发挥结构作用（图1-2）。大木作主要构件上也有这类观念的体现。比如，
清式四合院北房的檩条会在木料的原树根部位做卯口，卯口为母，使用原树梢部位
做榫头，榫头为公，交接处的榫头朝东，这便是民间口诀"晒公不晒母"的做法。
此外，梁的用料是树根的位置朝南、树梢朝北；柱子的用料位置是树根在下、树梢
在上，阴阳关系在做法上成为了一种秩序。更大尺度上的营造活动也极为注重阴阳
秩序。根据中国古代阴阳学说，构成环境的各种要素之间，除了有相互依存的关系
也有主次从属关系，比如方位就有主次之分。因此，古代王侯墓葬经常以东向日出
为其主要的轴线方位。这些观念也能为中国当代本土建筑的布局和形象提供积极的
文化依据。

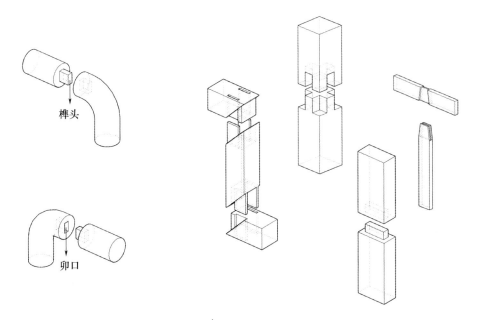

图1-2 榫头与卯口之间多样的凹凸关系

1.1.3 因势利导与因地制宜的思想

在宇宙观和世界观之下，中国古人还有不少极具实用价值的营造思想。因势利导、
因地制宜就是其中非常重要的营造策略。在面对营造工程时，中国古人普遍倾向顺
应事物发展的趋势，加以引导，并根据当地的具体情况，制定或采取适当的措施。

在城市的选址方面，虽然有"匠人营国，方九里，旁三门……面朝后市，市朝
一夫"的都城布局思想，但在南方广大地区，人类的聚居环境则更多按照"城郭不

必中规矩，道路不必中准绳"进行营造，强调城市应该根据当时当地的具体条件进行选址和设计。这是由于我国幅员辽阔，各地区自然气候、地理环境往往存在极大差异。南方地区受地理条件的限制，如果运用《考工记》中的营建方法并不适当。这里的建设用地除了水系交错，还经常不够平整规则，如果将其强行设计成为北方城镇的格局，无疑会得不偿失。这两种城市空间营造的思想观念，相互作用，在漫长的历史中形成了我国多样的城市空间形态。除了城市空间规划，中国古代的建筑营造也处处体现因势利导和因地制宜的思想。我们经常可以在文人画中寻找到"深山古寺"的意境。中国古代进行营造活动时，建筑的选址倾向与自然中已有的地势条件、场地环境、景观树木和谐共处，建成的建筑也追求与自然环境相得益彰，这其实也在用因地制宜的方式表达着"天地人和"的宇宙观。在现存的古代寺院中，也有不少依据自然地势而建的经典案例。比如，位于山西省大同市浑源县的悬空寺，其原名"玄空阁"，但由于建造后就像悬挂在悬崖上，因此得名悬空寺。寺院建筑利用力学原理半插飞梁为基，借助岩石暗托，廊栏左右相连，曲折出奇，虚实相生。可以说是因势利导、因地制宜思想与古代匠人精妙技艺的结晶。

在城市布局和环境改造方面，由于因势利导观念的影响，很多工程项目努力协调自然与人工的关系。除了都江堰、大运河等大型工程，古代城市内部水系的梳理，城市空间的改造更新也有很多典型的案例。比如，隋代宇文恺在营建大兴城时，最初的想法是将城内居民区都规划为里坊，但他发现城东南角地形复杂，不方便在这里建造里坊，于是就利用本身地势和原有的曲江水系，将这里改造成芙蓉园，之后引黄渠水注入曲江池。由于这个区域也被规划到大兴城内，芙蓉园成为城市南部一处著名游园，皇帝和百姓每年春夏都会到此游玩。另一个有趣的例子是北宋汴京的城市更新。与大兴城这种自上而下规划完成的新城不同，汴梁（唐代称汴州）在北宋立国之前就已经有大量居民在此生活，后周时期这里已经人多地窄、拥挤不堪，建筑密度极大，北宋在此定都后如果打破城中百姓安居乐业的生活状态，无疑是不可取的。所以城市更新采用更多的是自下而上的思考方式，充分考量既有的空间限定条件，在此基础上对汴梁进行织补式的更新。于是汴京城的布局并不像唐长安城那般有严整的秩序，而是更为灵活地呈现出一种有机生长的状态。

这些都反映出中国古人在面对工程项目的时候，既重视营造活动实际的功效，又能在具体情况下灵活变通，能够从实际情况出发权衡各方利弊，找到最优的解决方案。

1.1.4　遵循礼制的人居环境秩序

中国古代的很多观念都受到礼法制度的深刻影响，很多礼制思想逐渐融入建筑意匠中。在这些思想的影响下，古代城市和建筑设计也逐渐产生了以"礼"为核心的等级观念。

在古代城市和建筑的布局方面，礼制思想素来强调城市和建筑的中轴线和对称布局，以突出君主和贵族的权威。比如紫禁城的建筑群沿一条南北中轴线布局，遵循轴线对称法则，并且这一中轴线与北京城整体的中轴线完全重合，以突出帝王至尊的权威。城内布局按"前朝后寝"的祖制设计，公私分明。在紫禁城中随处可见长幼尊卑的秩序。而在百姓的民居建筑布局上，仍然有礼法观念的诸多呈现，它们往往通过合理利用庭院空间形成主次有别、主从有序的空间序列。以明清北京四合院为例，这类民居组团在布局上强调南北轴线形成的对称关系，注重中轴线的运用，这与儒家礼制思想中的"中庸之道"理念有关。同时，四合院的居住空间以"合"为基础，以血缘为纽带，根据居住者的社会等级、长幼关系等划分为不同的生活区域。尊卑有别、长幼有序在四合院中有着非常突出的体现。比如，住宅的主人住在"坎宅"，主人的长子住在东厢房，如果主人有次子则住在西厢房，主人的女儿连同丫鬟通常住在后罩房（图 1-3）。女眷在日常生活中通常不会来到垂花门以外的空间，男仆人则住在南侧倒座房区域。

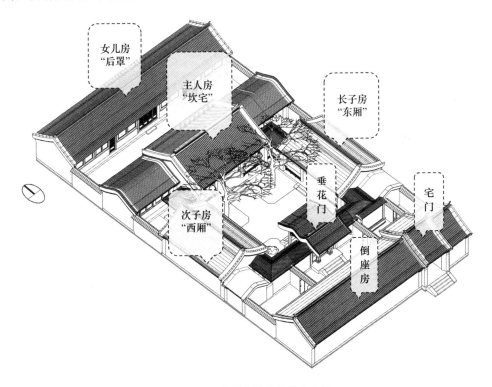

图 1-3　三进四合院中的尊卑关系

在建筑单体设计上，礼制思想也留下非常多的痕迹。从立面构成的角度看，屋顶、屋身、台基都有礼制观念上的约束。在屋顶部分，屋顶形式按庑殿、歇山、悬山、硬山对应不同的等级对象，皇家建筑、坛庙建筑以及宗教建筑可以使用庑殿、歇山顶，而普通百姓的民居建筑只能使用悬山或硬山屋顶；在屋身部分，开间的数量、是否施加斗栱、彩画部分的内容等方面也有严格的规定。开间数越多，建筑等级越高，有斗栱的建筑等级高于无斗栱建筑，且斗栱的出跳数越多等级越高。清代彩画则按照等级的高低，有和玺、旋子、苏式之分；而在台基部分，传统建筑台基包括台明、台阶、栏杆等部分，这些内容也有等级上的体现。台基中的台明按等级由高到低分别有须弥座、满装石座、砖砌三种形式，须弥座等级最高，通常用在高等级宫殿和坛庙、宗教建筑上，比如，北京故宫太和殿和天坛祈年殿都设三层汉白玉须弥座台基。普通百姓只能使用满装石座、砖砌的台明，反映出礼制规范下强烈的社会等级意识。

尽管上文中这些营造领域的思想观念距离当代中国已经有些遥远了，但是作为中国文化的一部分，它们其实从未离开我们的生活，这些思想观念已经融入中国人的血脉之中。因此，应该全面、客观看待中国古代建筑意匠，它们与当代生活重逢后，会发生怎样有趣的故事，其实取决于今天我们与这些建筑意匠交流的姿态和方式。就像中国古代的建筑意匠并不是刻板不懂变通的一样，传统的观念也能够在当代语境下产生演化。应该以积极的态度，在适当的时间和地点，以适当的方式重新唤醒它们。

1.2　传统营造工法表达中的原型内容

如果说传统意匠观念影响了中国古代营造活动最初采取的策略和计划，那么在具体营造过程中，材料、结构、工艺、设计制度等操作和表达方法则会影响到古代建筑的实施过程，以及建筑最终的完成状态和品质。操作和表达本身属于技术层面的事宜，但时间长了，技术会成为习惯，习惯又会融入文化。在实际操作和表达建筑的过程中，中国古代特殊的方法和习惯可以理解为中国传统营造在实操工法层面的原型，观念与工法在传统营造中可以说是缺一不可的。

1.2.1　中国传统营造的材料与结构表达

建筑工程的操作和实施离不开建筑材料和建筑结构的选型。材料与结构具有相互作用、相互依存的紧密关系，材料的各种物理性质决定了结构的形式和操作方式，结构又以自身的受力逻辑将材料的特性加以表达。中国古代由于天地人和、阴阳有序等思想观念的影响，在工程营造中极为注重发挥建筑材料本身的特性。工程营建使用的材料种类众多，木材、石材、砖瓦、泥土、油漆等材料均有使用。从中也不难看出，中国古人对于自然材料尤为偏爱。

1.2.1.1 木材建立起的第一印象

今天谈及中国古代建筑，人们通常会认为指代的是各类木构建筑。木材本身的特征以及由这种特征产生的各类本土木结构体系，已经在历史的传承中深入人心，构成了人们对中国古代建筑的第一印象。木材可以说是中国古代众多建筑材料中的主角，而"木构"也成为中国古代建筑抽象意义上的代名词。

古代建筑营造常用的木材种类有松木、杉木、榆木、榉木、楠木等，这些木材的加工和使用方式不尽相同，有些适合作为大木作材料，有些则适合作为小木作材料。一般来说，整根木材适宜作为大木作中的柱、梁用料，这两类构件对受力性能要求极高，因此用料格外依赖优质的整根大料，而小木作用料则更为灵活，经常使用大木作的边角碎料进行拼接。在各项营造工程中，可以小材大用，但绝不能大材小用。此外，按照木材材质的软硬程度，各类实木材料又可以分为软杂木、硬杂木以及名贵硬木。在实施具体工程时，木材的选择不仅要考虑其美观度，还要考虑其物理性质、机械性能以及耐久性等方面的因素。值得注意的是，软杂木和硬杂木都可以用于建筑主体结构，硬杂木的性质也并非如臆想中那样完美，在加工操作时同样也要面对开裂的问题（表1-1）。

表1-1 木材的分类信息

分类	常用木材品种	材质特点	树种分类	用途特点
软杂木	油松、红松、云杉、樟子松、马尾松、落叶松（黄花松）等	出材率较高，纹理直顺，质量较轻、强度较低、易加工、耐腐蚀性较强	针叶树	北方地区的传统建筑结构和装修用材多使用软杂木；南方地区传统建筑结构和装修部分则软杂木、硬杂木都有使用
硬杂木	榆木（山榆、白榆）、榉木、楸木、椴木、水曲柳、柏木、香樟、菠萝格等	出材率相对较低，质量较大，强度大、不易加工，易开裂	阔叶树	
硬木	黄花梨、紫檀、铁力、鸡翅木、红木、草花梨（大果紫檀）、楠木等	除具备一般硬杂木特点外，纹理更为美观、价格昂贵	阔叶树	

在结构部分的选料方面，通常会选择抗腐性能和抗压性能稳定，不易被虫蛀、不易变形的材料。例如楠木、杉木、榉木、榆木、松木等材料都经常被用作上至皇家殿宇下至百姓厅堂的结构构件。这些木材的使用也具有规律性，比如在山西南部很多元代以前的古代建筑上，斗的材料多使用硬杂木，如槐木、榆木等，栱的材料

则多为松木。松木也是著名的佛宫寺释迦塔（以下简称应县木塔）的主要材料，其塔身主体结构使用的材料多为华北落叶松，斗栱部分使用榆木。木塔全部木料用量多达上万立方米，如此巨大的木料消耗量，对选用更为优质的木材确实造成困难。或许正是这个原因，木塔整体上用料规格并不大，陈明达先生将其概括为"用小料做大建筑"，也表明似乎可供木塔在选料环节腾挪的余地较小，现有主体结构用料是灵活变通后的结果。另外，由于叉柱造等做法本身的特点，如果塔身材料全部使用硬木类材料，木塔本身的质量将更大，或许也更容易造成木塔叉柱造柱脚的劈裂、损坏，进而加剧木塔倾斜的困境（图1-4）。

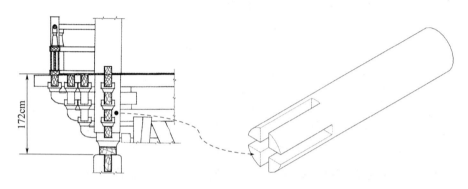

图1-4 应县木塔二层平座外檐柱头铺作处的叉柱造示意

中国古代小木作的木材选料则更为自由，除了上述常用大木作材料外，柏木、香樟木、各种红木类材料等都有广泛使用。在一些家具上，还可以看到竹、藤类材料的大量使用，这些材料本身的物理特性以及外表的观感、触感、装饰特性虽然不尽相同，但是它们普遍具有天然美丽的花纹、温馨的色彩、温柔的触感且相对容易加工的优点。这些在岁月长河中已成为中国古人的一致认识，因此木材以及与之性状接近的竹、藤材料都可以被看作中国传统营造的主要材料。

中国古代另一种广泛使用的建筑材料是土，土料有"生土"和"夯土"之分。自然状态的土称为"生土"，而经过加固处理的土则被称为"夯土"，其密度极大。夯土材料的施工操作与今天的混凝土材料有一定相似之处，比如在营造夯土墙过程中也需要架设模板，再将选好的土料放入其中。此后用夯杵在土料上来回夯击，逐层夯实，循环往复多次后可以得到强度极高的夯土墙体。今天形容墙体的量词有"堵""面"，而在古代还有"板"这一量词，这个"板"字不光提示了古代筑墙需用模板，也反映了夯土城墙的营造尺度。按照尺寸换算关系，一板墙的尺度为高二尺、长一丈，五板加在一起为"一堵"，一堵墙的高度、长度均为一丈，三堵加在一起为"一雉"（图1-5）。除了营造墙体需要大量使用夯土外，这一材料在木构建筑的台基部分也有极为广泛的使用。

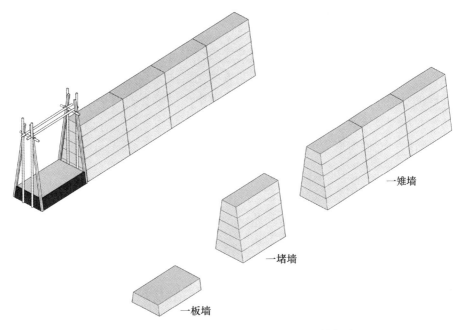

一雉墙

一堵墙

一板墙

图 1-5 "一板墙""一堵墙""一雉墙"的模数关系

石材也是中国古代工程中的常见材料，但是由于传统文化观念以及自然条件的原因，石材并没有成为中国古代世俗生活建筑的主体建筑材料。但不能忽视的是，石材在古代建筑上仍有广泛的使用。刘大可老师著有《中国古建筑瓦石营法》一书，有不少关于传统石作的记述，可见在中国古代，木料和土、石材料是最为重要的营造材料。

1.2.1.2 实木杆件结构的多样性与主流

自然界中的树木在树干、树枝的外观形态上都呈现出杆件的意象，这些粗细不一的杆件彼此联系、有机生长在一起。在建筑结构用材的加工和使用上，中国古代匠人也倾向根据木材特性，将其加工成各类杆件，用以满足多样的使用需求。由于杆件的线性意象，在建筑的平面布局上，大都呈现较为规则有序的矩形或圆形平面。在空间营造上，多条杆件组合在一起，容易在视觉上给人框架结构的意象。建筑结构其实是力的表达方式，中国古代的实木杆件体系将木构建筑的受力关系清晰表达出来。可以说，"杆件"称得上是中国传统营造受力构件层面的基本原型。

实木杆件在大小木作中所呈现的形态以及使用逻辑的不同，也产生了杆件形式上的不同类型。比如这类构件在古代大木作的不同位置会根据使用方式的不同，加工为柱、梁、枋、檩等不同形式的杆件。它们长短不一、搭接方式也非常多样，不同时期、不同地区这些杆件的具体形式并不完全一致，但杆件的线性视觉意象，以及作为杆件的受力逻辑基本一致。除了作为单体构件使用外，还有多个杆件组合使用的部分。面阔、进深方向的"间"与"架"的产生，也得益于实木杆件在多个方向上的组合使用。

围绕实木材料的特性，产生了我国古代两种主流的以杆件作为主要受力构件的建筑结构形式，分别为南方的穿斗式、北方的抬梁式。在这两类结构体系中，主要由各类杆件承担载荷，甚至在清代的小式建筑中，能够看到完全由杆件组织起来的整体结构。尽管具体的搭接逻辑不同，但是杆件在垂直和水平方向上的支撑和连接作用非常清晰，它们所形成的是朴素的实木框架结构。这两种主要的实木杆件体系，也并非各自独立存在，比如在清代太和殿结构上，可以看到南方穿斗逻辑与抬梁式结构的融合。此外，传统营造中还有一种井干式结构体系。这是一种不用立柱和架梁的房屋结构，主要依靠实木杆件开卯口、横纵叠合而成，其应用范围多在木材充沛的山林地区，直至今日还有使用。井干式将杆件层层铺设的特点在某些斗栱构件上也有类似体现，但值得关注的是，这一结构在传统营造中常被用于建造墙体，虽然使用的是实木杆件，但从使用意图和最终形成的效果来看，这些杆件大量叠加后是以"板片"的逻辑发挥墙体作用，这与古建筑斗栱层层铺作，但又逐层挑出的结构意义有着显著的不同（图1-6）。因此，井干式结构作为某些地区的特殊使用需求无可厚非，但是杆件本身的受力逻辑在这里并未完全展现出来。

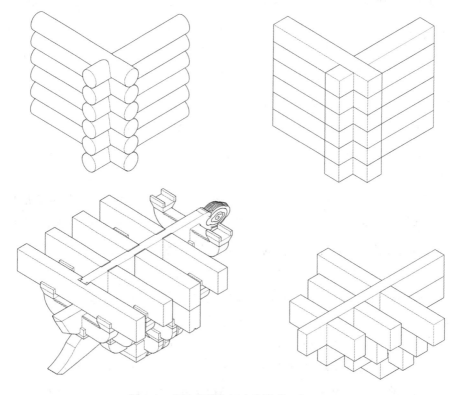

图1-6 井干式结构与斗栱的联系与区别

在传统建筑营造中，单一杆件的截面主要有方形、圆形两种，圆形截面杆件除了作为柱子在垂直方向上发挥作用之外，另有一些与面阔方向平行设置，在不同时期有槫、桁、檩的称谓，宋式做法主要称为"槫"，清式做法则多称为"檩"（表1-2）。方形截面的杆件主要作为梁、枋来使用，这些杆件的截面形式在漫长的岁月中也逐渐发生变化，比如联系檐柱的枋构件的截面在清代时相较于前代有所增大，截面的广厚比也发生改变。从唐代的接近2：1到宋代的3：2，直至变为清代近似5：4，这与清代斗栱结构意义下降有一定关系，也提示这一时期梁与枋承担了更多的载荷。由于同样的原因，同位置的清式斗科与宋式铺作在构件组合逻辑、外观形式等方面也都发生不小变化。从总体上看，清代建筑的实木杆件使用逻辑较前代呈现简化的趋势。

表 1-2 中国古代建筑主要木构件信息对照表

主要构件名称	常见使用位置	主要作用	所属结构体系	使用逻辑	备注
柱	台基之上。殿堂造建筑主要参考单槽、双槽、分心槽、金厢斗底槽平面设置（宋式）	承担垂直方向主要载荷、划分"间架"	抬梁式穿斗式	杆件	厅堂造建筑的柱网布局更为灵活，有移柱、减柱的做法（宋式）
梁（栿）	柱以上，建筑进深方向	承担檩及檩以上的载荷、将屋顶抬升	抬梁式	杆件	构件截面较大
穿	柱与柱之间	将柱彼此联系成为整体	穿斗式	杆件	构件截面较小
枋	梁以下、柱与柱之间	将梁与柱、柱与柱彼此联系成为整体	抬梁式	杆件	个别种类的枋构件也有架设在柱头之上的，如平板枋（普拍枋）
檩（槫）	梁以上，椽以下	承担椽及椽以上载荷、作为椽的依托，构建坡屋顶形态	抬梁式穿斗式	杆件	穿斗式体系常见柱上直接架檩的做法
椽	檩以上、望板以下	作为屋面骨架，承担屋面载荷	抬梁式穿斗式	杆件	—
斗	大斗通常位于柱头、平身（补间）、转角三种位置；各斗栱内部，与栱交替铺设	大斗将屋顶部分载荷传导至柱，斗栱内部各斗类构件咬合栱、枋等杆件并传递其载荷	抬梁式穿斗式	非杆件	穿斗式体系多为插栱，斗类构件相对抬梁式较少
栱	斗栱部件内部，斗与斗之间	承担屋顶部分载荷，与悬臂梁作用类似，辅助挑出屋檐	抬梁式穿斗式	杆件	穿斗式体系中的栱位置更为灵活

主要构件名称	常见使用位置	主要作用	所属结构体系	使用逻辑	备注
昂	斗栱部件内部，与坡屋面近似平行	类似杠杆作用，平衡出檐与梁之上屋顶部分的载荷	抬梁式	杆件	不含外插昂，外插昂非杆件
望板	覆盖于椽以上	承担瓦面载荷，让屋顶外观更为整齐，便于施加灰背、油饰等做法	抬梁式	非杆件	板片逻辑
井干壁	墙体位置	起搭建墙体、围合空间作用，承担屋顶载荷	井干式抬梁式	非杆件	用单一杆件垒叠，作为墙体使用

在具体工程操作层面，中国传统木构体系中的杆件在相同受力方向上，通常是由单一木料加工为杆件发挥结构作用，但也存在多个杆件汇集在一起共同承担载荷的情况。比如按照通常做法，建筑的柱子应为整根木料加工而来，视觉上应为粗壮有力的整木圆柱。但是在一些地方性工程中，木料选择往往受限，在这样的情况下采用拼合柱的做法更为适宜。通常认为，宁波保国寺大殿是拼合柱做法最重要的实例，大殿内部多个柱体是由多块木料榫卯拼合而成的瓜棱柱。瓜棱柱的柱身在视觉感受上与南瓜表皮瓜棱相似，可以理解为瓜棱状杆件。保国寺大殿瓜棱柱的做法将多个单一杆件集束在一起，解决了在大料有限情况下建筑垂直方向的载荷问题，并产生独特的视觉效果。在 1929 年巴塞罗那世博会的德国馆项目上，也有杆件集束的做法，密斯·范·德·罗（Mies Van der Rohe）让多个型钢构件汇集在一起，实现了有趣的"十字柱"，并将其刻意落位到地面石材形成的十字拼缝处，形成了外观上的"少"以及构造内的"多"，但这已经是 20 世纪的事情了（图 1-7）。

1.2.1.3 榫卯交接技术与木构形式

"木材""杆件""榫卯"可以说是中国古代木构营造技艺的关键词。如果说木材是中国古代建筑的主要材料，杆件是中国古代木构建筑的构件原型，那么榫卯则是一种结构技术原型。木材本身的特性以及杆件的受力需求催生了中国特殊的木构榫卯交接技术。这一交接技术在中国出现的时间很早，河姆渡遗址就有榫卯木桩、木板的发现。到唐宋时期，木构建筑榫卯技术已经非常成熟，形式也极为多样。它的作用在于将两个或多个独立、松散的构件紧密结合在一起，从而完成更为复杂的建筑结构，在中国木构体系中，垂直和水平方向上的构件都可以用榫卯技术进行交接。

这一特殊交接技术在中国的持续发展，与中国古代建筑意匠中的宇宙观以及中国古代的自然条件息息相关。

图 1-7 巴塞罗那世博会德国馆的十字柱外观及内部构造

斗栱作为变化最为丰富的构件集合，其内部也蕴含丰富的榫卯做法，斗栱的形式也在漫长的岁月中由最初简单的"一斗二升"发展为后世纷繁复杂的形态，其榫卯的方式也愈发多样。斗栱的多种构件可以分为两大类：一种为"斗"，包括大斗、十八斗等；另一类为"栱"，如华栱、慢栱等。"栱"类构件可以视为杆件，其中各类斗与杆件的交接方式多为榫卯，而各型栱类构件之间的交接则与井干式结构类似，采用"卯卯相接"的方式，层层叠加。

这一节点技术的优势在于符合木材本身的材料特点，在建筑结构上充分利用了多个实木的集成优势，让材料、结构、空间的交接过渡非常自然。此外还有便于加工、结构逻辑清晰、交接后的形式丰富的特点，能够营造多样的空间体验和行为体验。在面对地震灾害时，榫卯节点抵抗地震应力的方式更为柔和，可以允许节点发生少许形变、位移的构件在交互作用下将地震的破坏力降低。中国现存的大量木构古建筑，在历史上都经历了多次大地震的洗礼。例如，在1976年的唐山大地震中，蓟县独乐寺周围的民房多数被损毁，但寺中两座辽代建筑仍然屹立不倒。

但是，也应对木构榫卯的劣势有客观的认识，木构建筑的榫卯交接需要将材料进行部分切削和挖孔，对于杆件本身有破坏，而具备各向异性特征的木材的整体受力性能也受到了破坏，因此在某些切削较多、或材料截面较小的木构榫卯节点处，长时间使用较易损坏该处构件（图1-8）。

图 1-8　易损坏的斗类构件

（a）佛宫寺释迦塔补间铺作；（b）广济寺大雄殿柱头铺作；

（c）佛光寺东大殿柱头铺作；（d）延庆寺大殿转角铺作

1.2.2　中国传统营造的形态与色彩表达

除了材料与结构，形态和色彩也是中国传统营造工程重要的表达手段。如果说材料和结构萌生出中国传统营造的内在原理，形态和色彩则是中国古代建筑重要的外在表现。两者之间也经常在相互依存的关系下影响着中国古代建筑的外观形象。对于礼制下的古代建筑形态原型以及色彩原型的理解，有助于当代更好地解读和转译传统建筑外在形象。

1.2.2.1　形态表达要素

从仰韶文化后期开始，半坡人的住宅出现了墙体，屋顶被作为独立的部分举起来了，中国建筑开始有了屋顶、屋身的划分。这两个部分可以说凝聚着中国古代建筑最初的形象特征。《考工记》提及"夏后氏世室，堂修二七，广四修一，五室，三四步，四三尺，九阶……"可知至晚到夏代，中国古代建筑单体已经可以分为屋顶、屋身、台基三个主要部分，这三个部分的具体形式成为后世研判中国古代建筑形态特征的重要依据（图1-9）。

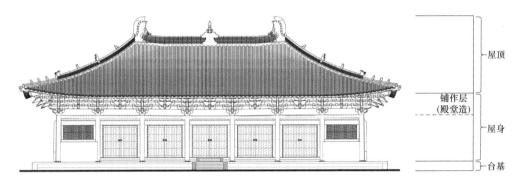

屋顶

铺作层
（殿堂造）

屋身

台基

图1-9 五台山佛光寺东大殿西立面屋顶、屋身、台基三部分的形象

在屋顶形态上，中国古代木构建筑普遍有一个硕大而又优美的屋顶，有多样的形式，但主流的是以庑殿、歇山、悬山、硬山、攒尖为代表的形式。这些主流屋顶作为原型衍生出了更为多样的类型。在众多的屋顶形式中，学界普遍认为庑殿出现的时间最早，《考工记》有"殷人重屋，堂修七寻，堂崇三尺，四阿重屋"的记述。四阿是庑殿顶的另一种叫法，由此可知最晚到商代已有这一屋顶形式（图1-10）。因此，庑殿可以被看作是中国早期屋顶形式的原型。在屋顶形式发展历程中，最初的原型或许只有这一种，但是随着时代的发展，由庑殿原型所发展出来的歇山、悬山、硬山等类型在新的时代条件加持下也可以作为新的原型，继续发展出各自的类型。

在屋身部分，柱、梁、枋、檩等实木杆件的形态深刻影响着建筑形象，除了本身的形态外，柱子这类杆件收分、卷杀的变化，以及侧脚、生起等工程做法也能够对建筑外观产生影响。如果说侧脚对于建筑形象的影响还不易被直观感受到的话，生起对建筑形象的影响就非常明显。辽宋时期的建筑屋檐由当心间向两侧逐渐上翘形成的优美曲线，就是受檐柱生起做法的影响。在立面上，中国古代建筑屋身部分的形象还会受到柱子与开间宽度的比例、开间数量以及门窗形式的影响。此外，大式建筑的屋顶和屋身交接区域经常设有形态各异的斗栱，这一极具特色的构件在不同时期形态和功能均有所不同，但是其外在形象对人们认知中国古代木构建筑特征产生极大的影响。在不同历史时期，斗栱高度与柱身比例的变化，也经常作为学界研判历代木构建筑特征的依据。

图 1-10　妇好青铜偶方彝上的庑殿顶意向

在台基部分，高等级的须弥座台基有束腰这种独具一格的做法，自北魏之后，须弥座台基的形象日趋华丽，出现了莲瓣、卷草等造型丰富的装饰。满装石座和普通砖石台基等级依次降低，在整体形态上都为垂直于地面的立方体形式，形象朴素。在踏道方面，有台阶型踏步和坡道的做法。高等级的垂带踏步外观形态比较端正，与现代楼梯台阶较为相似，而低等级的如意踏步形态较为松散和随意。如果需做坡道，则还有御路和礓礤之分。中国古代的重要建筑往往设置多层台基用以彰显其地位，北京故宫的三大殿就都坐落在三层汉白玉台基上。这种对于重要建筑的强调手法也一直沿用到今天，我们仍然能够在一些重要的现代建筑上看到类似的表达方法。

这些形态要素共同构成了中国古代建筑形态上的原型。形态要素在不同历史时期的演化历程也提醒我们，传统营造的原型内容并非一成不变，而是应该随时代的发展需求不断进化，随时代发展衍生出自己的类型，持续满足社会不同使用场景的要求。

1.2.2.2　色彩呈现方式

现代流行的建筑学理论认为，建筑应该关注"建构"的表达。按照这一理论，建筑的形象应该诚实地表达其内在结构的受力逻辑，也应该表达材料本身的性状。因此可以看到，很多现代建筑的色彩是其材料本身的颜色呈现。中国古代也有这类通过材料自身进行的色彩表达，比如早期建筑使用的色彩，基本来源于其本身固有的色彩。随着人们在社会生产活动中各类知识的积累，中国古代建筑最为丰富的色彩应用逐渐在木构件上产生。木构建筑由于防腐、防潮的客观需要，在木料表面需要施加油漆作为防护，从而延长其使用的时间。由于油漆本身调配颜色方便，非常容易获得多样的色彩，加之木材本身易于进行色彩粉饰加工，中国古代建筑形成了自己特有的绚丽色彩体系。

在建筑色彩上，不同时期有各自的主流颜色。统治阶级也在其中加入了等级内容。以皇家建筑的用色为例，在周代，有"楹，天子丹，诸侯黝，大夫苍"的规定。红色是天子专用的颜色，宫殿的柱墙、台基常涂成红色。到了汉代，宫殿和官署也多采用红色。虽然后来红色在等级上退居黄色之后，但仍然是最高等级的色彩之一。南北朝、隋、唐时期，宫殿、庙宇和府第多采用白墙和红柱。自唐代开始，对建筑用色开始有了比较明确的等级划分，黄色成为了皇家建筑的专用颜色，皇宫和寺院采用黄、红色调，红、青、蓝等颜色用于王府和官宦之家，而民居则只能采用黑、灰、白等色。

北宋时期，得益于《营造法式》的颁布发行，建筑用色的等级规定更为具体。比如建筑的彩画制度分为五种类型：五彩遍（偏）装、碾玉装、青绿叠晕棱间装、解绿装、丹粉刷饰，这些彩画用色丰富，形式多样，其中以"五彩遍装"等级为最高，这一形式以朱、青、绿三色为主，效果最为绚丽。建筑色彩的涂刷方式在很多情况下也与不同位置的建筑结构、构造、形态密不可分，有时将一块区域的形态按"面"处理，比如清代皇家建筑的屋顶普遍采用金色琉璃瓦，远观效果颇为整齐划一；有时又通过色彩强调某一结构的形态，起到塑造体积的作用，比如在斗栱边缘进行勾边式的涂刷，斗栱的视觉体积感得以增强（图1-11）。

(a)　　　　　　　　　　　　　　　(b)

图1-11　北京孔庙建筑中色彩对斗栱形态的塑造

（a）先师门；（b）大成门

除了涂刷在木材上的各种色彩，木材本身的纹理与色彩也是中国古代建筑色彩重要的组成部分。很多小木作陈设会涂刷清漆，不会对木材本身的质感、纹路和颜色造成过大影响，这些小木作视觉上的色彩基本为材料本身的纹理色彩，呈现自然、温馨的观感。

对于中国古代主要的建筑色彩的梳理，有助于按照各色出现频率，归纳出不同时期、不同类型空间的传统用色原型，进而为当代建筑空间营造特定时期的空间氛围创造更多有利条件。

1.2.2.3 可持续的空间形态表达

中国古代很多重要建筑的形象、制式并不是从建成之日起就恒定不变的，而是经常伴随历代的修缮，不断更新着自己的样貌，因此我们今天所看到的建筑形象往往与它最初建造时存在较大差异。

虽然在西方重要建筑的修缮中也有类似现象出现，但中国古代宫殿、宗教类建筑的改建更新活动似乎更为频繁，更新的手法也更为灵活多样。这一方面是由于中国木构建筑的材料容易受到火灾、湿气的威胁，各类构件容易损坏、缺失，结构也会出现倾斜、失稳的现象。另一方面，则是得益于中国传统营造的模数制度，建筑构件都成为像标准零部件一样的产品，这使实木构件的替换操作极为简单，让历代都能较为方便地在前代建筑基础上完成局部或整体修缮更新。此外，中国古代自然环境的变迁以及世俗生活的多元性，也造成了建筑经常需要更新一定的构件形式、变更一些使用功能。很多建筑由于功能发生变化，外观形象也会做出一定改变。

因原建筑损毁而重建造成形象持续变化的例子有北京故宫太和殿。太和殿最初建于明代永乐十八年，最初名为奉天殿，规模比现在大很多，彼时在大殿左右还有斜廊，后经数次大火，左右侧建筑重建时去除，而建筑主体也因为找不到足够的楠木大料而不得不缩小尺度，今天人们看到的太和殿已经是康熙三十四年重建后的形象。

因结构隐患而促使建筑形象持续变化的例子有著名的应县木塔。对于木塔严重倾斜原因的判断，目前学界较为主流的观点认为：其来自20世纪30年代的一次修缮，当时的修缮工程将木塔明层的全部夹泥墙拆除，改成现在通透的格子门形象。学界普遍认为这一改动，让木塔整体结构失稳。但是从梁思成先生首次测绘时的照片来看，当时尽管木塔明层仍有泥墙，但二、三层已经有比较明显的倾斜了。据陈明达先生的猜测，夹泥墙并非在辽代建成木塔时就已存在，很可能是在漫长历史时期因保持结构稳定的需要，而在后代修缮过程中施加的。此外，在木塔一层也有不少后世对建筑结构逐步进行补强维护的痕迹。到了当代，木塔内部随处可见的加固支撑也变成了其空间形态的一部分，可以说应县木塔今天的形象也是其建筑空间可持续表达的结果。

因使用需求变化而在后世发生形态变化的例子有宁波保国寺大殿和福州华林寺大殿。保国寺大殿现存建筑外观形象为重檐歇山屋顶，面阔为七间，但史料显示，在北宋重建该大殿时，主体为三开间大殿，屋顶为单檐歇山屋顶，之后经历多次更新，今天的外廊副阶部分为清代康熙年间增建。与之相反的是华林寺大殿。在重修之前，大殿为七开间重檐歇山形象。20 世纪 80 年代的重修工程采取了恢复五代时期建筑形象的方案，于是拆除了原建筑的副阶部分，保留中间三开间大殿，屋顶形式也由重檐歇山变为单檐歇山，目前的形象是上世纪落架大修拆除"裙房"后的形象（图 1-12）。

图 1-12 华林寺大殿重修前后的外观变化

尽管这里无意讨论上述古建筑的面貌变化在文化遗产保护层面上的得失，但不难看出，在留存至今的重要木构建筑中，建筑外观形象、空间形态的可持续变化是极为常见的现象，后世经常会在其最初的原型状态基础上不断做衍生、拓扑，使其成为我们今天看到的形象。所以，建筑空间形态的可持续更新也可视为中国传统营造在操作和表达上的另一个原型特征。

1.2.3　中国传统营造中的法规与模数制度

模数化的思想很早就在中国古代文化中孕育。上古时期人们结绳记事，以绳子上打结的数量来表示事物的多少，绳子的颜色、粗细，以及结成的特定形状、大小、距离和数量都可以用来表示不同的含义。在文字发明以前，这种记录生活的方式陪伴我们的祖先走过很长一段时光，也是在这个时候，中华大地逐渐诞生了数的概念。到春秋时期，中国古人已经有乘法的概念，而《周易》甚至结合自然现象给数赋予了新的含义，成为祖先解读宇宙运行原理的一种方法。这些都对营造领域模数制度的诞生创造了积极的条件。

在工程营造过程中，进行独一无二的创造活动无疑是必要的，但如果同类型营造工程都需要从头进行新的思考，肯定会影响工程实施的效率。因此，对前人有益的经验做系统的量化分析、总结，并形成制度加以参照，对于营造工程的设计和施工而言都是极具价值的。我国营造领域模数制度的形成也并非一蹴而就，而是经过了较长时间的发展，到唐宋时期才逐渐制定了国家管理营造施工的法典，其中最为人所熟知的是北宋李诫主持编纂的《营造法式》。

1.2.3.1　遗失的制度

中国古代社会对营造领域的人物和事件一直不甚重视，即使一个人做到将作大匠这样的高位，也仍然会被视同"匠人"之事。而工程营造相关知识则被称为"匠学"，普遍不受文人阶层的重视，造成史书文字记录中缺乏对建筑技术和活动的记载。史家围绕建筑营造进行的记录，大多局限于与儒家思想和伦理概念相关联的宇宙观理论和空间布局上的讨论，关于营造领域核心内容的表述大都是只言片语。这也导致在很长一段时间内，比较缺少全面指导营造实践和教育的综合制度典籍。

尽管《考工记》等典籍中的记述表明自春秋战国以来，中国营造领域陆续形成了礼制思想下的设计制度以及对应的一套营造方法。但是在已知的古代文献中，唐宋以前相关内容的记载在广度和深度上都非常有限，不足以支撑社会所需的各类城市、建筑的营造活动。或许当时的建筑营造的技艺、建筑形制和用工、用料也已经形成经验和惯例，但能够与《营造法式》相类比的综合制度典籍还未发现。更早的官方营造法规制度典籍仅能从《唐会要》《唐六典》等综合文献和《天圣令》残卷中窥得一二。

按《唐会要》记载："王公已下，舍屋不得施重栱藻井。三品已上堂舍，不得过五间九架，厅厦两头门屋，不得过五间五架。五品已上堂舍，不得过五间七架，厅厦两头门屋，不得过三间两架。……六品七品已下堂舍，不得过三间五架。……非常参官，不得造轴心舍，及施悬鱼、对凤、瓦兽，通栿乳梁装饰。其祖父舍宅，门荫子孙，虽荫尽，听依仍旧居住。其士庶公私第宅，皆不得造楼阁，临视人家。"可知唐代建筑在总体营造纲领上已经有明确的规定。

《天圣令》残卷中的第二十八卷名为《营缮令》，记载了少量的唐令，在一定程度上反映了当时国家管理土木营缮事业的情况，是认识唐代营造制度最重要的文献。但遗憾的是，这一典籍早已散佚，目前仅存少量唐令，以及根据唐令修改后的可用于推测唐令的北宋早期营造制度。唐代社会法规制度的体系共有律、令、格、式四种层级，"令"在"式"之上，相当于总体纲领章程，"式"基本等同于各种政府机构的各类工作实施细则，因此在唐代应该还有对应"式"的更为具体的营造法规细则内容，其中必定蕴含令人惊叹的唐代意匠原理和实施方法，但是目前我们对唐代具体营造制度仍然知之甚少，还无法得知唐代洛阳的万象神宫和天堂这类巨型木构建筑的具体营造工法。今天研学中国传统营造的原型制度要从更晚些的北宋《营造法式》出发。

1.2.3.2 古代营造制度的原型

中国古代营造制度的推行与构建与《营造法式》《清工部·工程做法》两部典籍密不可分，其中北宋的《营造法式》可以看作是目前我国建筑工程领域最早的一部原型法规。

《营造法式》成书于北宋崇宁年间，全书由释名、制度、功限、料例、图样五部分组成。是世界范围内最早由官方组织编撰并且批量发行的综合性技术法规典籍。这部典籍对后世的建筑设计影响深远，其规定的营造制度除了在宋金时期广泛流行，元明时期也基本因循该典籍发展出的制度进行各类空间的营造。清雍正十二年刊行了《工程做法》，对各类官式建筑的营造方法作了新的规定，虽然不如前代灵活，但书中呈现的设计和施工管理思路与《营造法式》一脉相承。在 1930 年后，经由梁思成、林徽因等前辈学者的编译，让近现代中外学者对中国传统"营造"的认识逐渐清晰起来。通过多个版本《营造法式》的比照，不难发现"大木作"和"小木作"内容占据大量篇幅，可见木作制度是中国古代营造制度最重要的部分之一。围绕木构建筑用料与用功，《营造法式》做了一系列详细规定。

在用料方面，《营造法式》中有"以材为祖"的表述，并按"材分制"对建筑用料的规格做了进一步划分。这一模数制度将建筑用材按矩形截面的大小分为八个等级，规定以每种规格木材本身的广度作为度量模数，称为"一材"，其中最大的一等材，广9寸、厚6寸，最小的八等材，广4.5寸、厚3寸。一材的高度（广）被均分为15份，宽度（厚）被分为10份，每份为1分，读作"份"，各等级材的广厚比一致，均为3∶2。"材"有单材、足材之分，足材要在单材基础上加一"栔"。栔的广厚比与材一致，也同样分为八个等级，一材一栔构成"一足材"。以宋式铺作为例，栱类构件之间的缝隙高度（广）为一栔，瓜子栱高度（广）为一个单材，华栱高度为一个足材（图1-13）。在建筑设计施工中，房屋大小、构件长短等，一般先以份数确定比例关系，然后按照相应的材分等级来代入具体尺寸进行建造，所有的建筑用料尺度和人工消耗均按用材等级进行权衡。这种制度凭借材的等级就可以控制整个营造工程的用功、用料数据，从而掌控所营造建筑的规模和成本，是一种非常朴素而有效的管理制度。

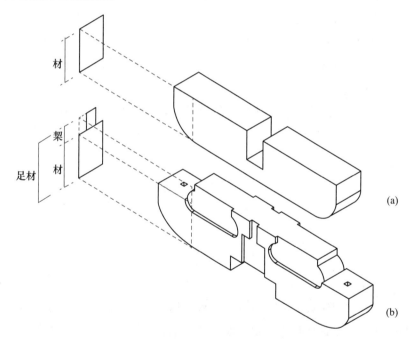

图1-13 瓜子栱单材与华栱足材的尺度关系

(a) 瓜子栱单材；(b) 华栱足材

清代的模数制度与宋代有所不同，大式建筑以"斗口"为模数单位，斗口制相比宋代材分制规定的等级数量更多，共分11个等级；小式建筑则通常以檐柱径作为基础模数单位，权衡该建筑其他部分的具体尺度。虽然时代不同，但是清代工程营造所使用的模数制度在本质上与《营造法式》一脉相承。

在操作层面，这些模数需要靠适宜的工具进行度量和权衡。除了基本的尺规，还有像丈杆这类权衡具体尺寸的专门化工具。丈杆是用质地优良、不易变形的木材做成的矩形截面杆件（一般用红白松或杉木制作），制备丈杆称为"排丈杆"，分为总丈杆和分丈杆两种。丈杆的四个面分别有按不同类型尺寸划分的权衡尺寸，用不同的符号加以标注，其使用方式与现代的比例尺工具类似，可根据不同类型的操作对象，翻转到不同面，按照该面标记符号进行权衡对照（图1-14）。但与比例尺工具不同的是，丈杆主要以真实的1:1尺度发挥作用，因此总丈杆往往会很长，需要借助交通工具进行运送。丈杆上的各类画线符号各自有特定的指代，对应具体木构件上相应的符号，常用的符号有10种左右，这些符号背后暗含的标准化操作制度，对于当代空间营造活动的顺利实施仍有积极的意义（表1-3）。

图1-14 总丈杆示意图

A 面宽总丈杆；*B* 进深总丈杆；*C* 檐平出；*D* 柱高总丈杆

表1-3 常用大木画线符号在构件上的应用含义

序号	画线符号	名称	应用含义	备注
1		中线	木构件自身居中的弹线	弹线上不做任何符号标记，如有侧脚等做法可用该符号进行区分
2		老中线	几道中线在一起时最原始的那道中线	一根梁架的总中线也可以用该符号表示
3		升线	专门用来表示柱子侧脚做法的线	仅用于外檐柱，大木安装时这条线要垂直于水平面
4		截线	表示从该处截断材料	用于构件端头
5		断肩线	表示从该处断肩	多用于各类榫头的两侧

续表

序号	画线符号	名称	应用含义	备注
6		左：正确线 右：错线	同时画了两条线，一条正确、一条错误	需注意打叉的才是正确线
7		透眼	表示从该处凿成透眼	—
8		半眼	表示从该处凿成半眼	—
9		大进小出眼	表示所凿进口大于出口	—
10		枋子口	表示从该处凿枋子口	上端需画截线或断肩线

1.2.3.3 原型法规制度的影响

（1）设计思维与方法上的影响

《营造法式》这部典籍分门别类地介绍了北宋时期工程营造领域的细则，条理清晰、秩序井然。特别是图文并茂的编撰方式非常有利于当时匠人们在具体工程中的研学和操作，匠人们的营造活动能够更高效地进行。借助官方典籍的推广，中原地区经过长期检验的经典建筑意匠和工程做法逐渐被传播到全国，然后随着民间交流将这些思想和技术传播到了当时的北方地区。营造法式中的模数设计思维有利于将营造工程进行合理的规划，并对设计过程做出有效预判。该书让建筑意匠变得有理可依，思考和操作行为也更为规范。相比后世的清工部《工程做法》，其营造制度上的规定也相对灵活。但是随着时间的推移，循规蹈矩的设计理念间接助长了保守思维和惰性情绪蔓延。很多本应更具地域特色的地方建筑，也开始按中原地区的建筑制度进行设计和实施，在一定程度上导致了中国古代建筑面貌的雷同。

（2）工程管理上的影响

按照《营造法式》与清工部《工程做法》两部典籍规定的法规制度，所有构件的设计、加工均可以在项目正式开工之前进行。凭借标准化的预制木构配件，建筑施工速率能够极大提升。此外，《营造法式》的颁布也强化了施工管理环节对于材料、匠人、施工周期的综合控制。书中关于用功、用料的详细规定，有效杜绝了工程营造过程中可能出现的贪腐现象。但也在一定程度上禁锢了中国古代建筑设计的发展，一些不符合当时用料、用功规定的设计创新往往被抛弃在历史长河中。

因此，对于行业的"制度"与"标准"必须辩证看待，整齐划一固然重要，但是在进行创造性活动时，如果能够有一套相对灵活的机制持续启发本土创新思维也是极为必要的。

2

营造教育的原型与类型

"营造""建筑学""环境设计"都可以用来表述创造空间的活动,是三个彼此关联、但各有指代、有时也容易混淆的名词。

"营"字的释义较早见于《说文·宫部》:"营",匝居也,本义为四周垒土环绕而居。《周官·梓人》有云:"龟蛇四游,以象营室也。"在北方七宿中,相邻的"室"与"壁"常出现在夏历十月的夜空,"壁"在"室"之外,形如室宿的围墙。处于农耕文明的人们在此时度过了繁忙的秋季,有了相对空闲的时间造屋御寒。"室"与"壁"在更早的时候称为"营室",随着时间的推移,它们逐渐与世俗生活中的工程建造活动紧密关联起来。之后的岁月里,"营"又产生一些引申义,用以表达度量、谋求等意义。《营造法式》中的"营造"二字与"营"字内涵相近,指有计划地建造、构造;也包含建筑工程及器械制作等事宜。

中国古代的营造活动,是在人的策划和实施下进行的。这种通过预设、模拟,再到实施建成的过程,与今天的建筑与环境设计活动所包含的内容是相似的。可以说"营造"既包含观念上的思维活动,也包括实施上的操作方法。与现代常用的"建筑"一词有所区别的是,"营造"更注重空间序列展现的情感,以及环绕某一中心的周围环境所创造出的氛围。在中国传统的营造观念中,建筑空间的意义不在于固定的物质实体,而在于它承载的、在时空不断运动中展开的艺术情结和意境体验,因此"营造"二字延续至今也逐渐有了指代中国传统建筑设计的意味。广义上的营造则可对应今天建筑与环境设计领域各尺度下的设计实践。中国古代城市与建筑的营造有自己独特的逻辑,发展脉络也较为清晰连贯,在多个历史时期均有通过官方发行的营造法规典籍用于规范全国范围内的营造工作。在传统礼法制度的影响下,中国古人更倾向遵从"正统"和"祖制",这也使中国古代的城市空间设计和建筑设计方法在悠长的岁月里变化不多,历代城市和建筑的形制也与前代一脉相承。这一稳定的状态一直延续到清代中晚期。此后,传统意义上的"营造"所包含的内容逐渐被"建筑"吸收并替代。

"建筑"一词并非中国的原生词汇，目前学界普遍认为该名词的出现是受到日本对西文词汇翻译的影响。"建筑学"与"环境设计"作为专业名称在中国的出现时间则更晚，尽管我国很早就有这两个领域的实践历史，但以"建筑"命名的高等教育专业要到 20 世纪初才开始招收学生。"环境设计"专业的前身"环境艺术设计"出现于 20 世纪 80 年代末，并在 2012 年本科专业目录调整后，才正式更名为"环境设计"。这个专业在高等院校的专业教学通常包含两大方向，室内设计和景观设计，因而也被人通俗地解释为"建筑的室内外环境设计"。

中国的"建筑学"与"环境设计"两个专业目前分属工学、艺术学大类。由于出现时间相对较晚，两个专业的教学体系有很多方面借鉴了欧美及日本的先例。这也给后来我国专业院校本土化教学探索的困境埋下了伏笔。

2.1 中国传统营造教育的原型

传统的营造意匠与营造工法无疑需要通过相应的教育制度进行传承和传播。中国古代的营造教育也一直伴随中华文化的传承不断发展，而"匠人"则是中国古代营造教育特有的产物。甚至可以说，传统营造教育的核心目标就是培养合格的工程匠人。春秋时期，人们在满足基本衣食住行的需求后产生了更多新的生活方式上的需求，除了思想上的百家争鸣，在各类功能空间、生活器具上的设计制作也百花齐放。在营造领域内，也有鲁班与墨子攻守论战的故事广为流传。然而受礼制的影响，在后来很长一段时间内，匠人阶层由于"匠籍"的存在而相对固化，其生活起居均受到较为严格的管控，因此匠人们阶级流动、生活区域流动的自由是长期受限的。只是到明代中后期，科举开始向匠户开放，匠籍人员才终于可以通过考试实现登科入仕。匠籍制度在清代逐渐废除，匠人们有了更多的流动性，在一定程度上促进了全国范围内营造意匠和工程操作方法的传播与交流。

2.1.1 传统营造教育中的教师与学生

中国古代的营造教育主要有两种方式，即父子传承或师徒传承。两种方式都需要在长期的施工实践中进行技术传授。在传统营造教育方式下，父亲和师傅扮演着类似今天专业教师的角色，营造教育的内容则主要围绕"磨心""识器""辨材""习艺"进行组织，教学上则分别依托祖传抄本和口传做法两种不同路径。可以看到，传统营造教育对营造技艺的钻研和打磨，靠的是大量实践经验的积累。并没有像今天高校教学中的相对明确的课程体系，而"磨心""辨材"等教学环节的时间跨度则因人而异，如果一个环节未达到师傅的要求，徒弟就要一直操练下去直至达到要求，并不似今天的高校专业课程，无论学生是否真的达到专业能力标准，在固定的学时数和单节时长控制下，每门课程在结课时就默认学生已经具备了某些能力，并且可以进行后续课程的学习。

在传统营造教育制度下，徒弟们需要进行大量的观察和实操训练，师傅往往只分配任务，每个具体环节的操作要领和窍门在事前很少详细解释说明，徒弟要靠自身的体验发现问题，主动询问，师傅们才会做出有针对性的解答。中国民谚有"师傅领进门修行在个人"的说法，古代的师傅们更希望看到学生在自己亲身体验中获得对技艺的感悟和理解。师傅能够通过学徒操作环节的不同表现，评估出每个学徒的不同"天赋"，这与现代高等教育中很多理论课程关注普适原理的讲授有极大差异。

师徒传承的方式，能够让师傅在大量实操训练中关注学徒的个体特点，针对每个学徒的资质调整教学进度、培养其专长，非常有利于实现因材施教。但是这种方式难以培养出规模化的建筑设计人才，也难以适应现代社会的快速发展。

2.1.2 传统营造教育中的教科书

中国古代营造教育在官方层面有《营造法式》这样的典籍作为引导，在民间也有类似"教科书"的文本和口诀用于指导各项工程的实施。在前文已有提及，《营造法式》相当于官方颁布发行的各类工程建设标准规范，诸作制度尽管不尽相同，但都表达出对礼制思想的尊重。可见，理解中国古代的营造教育的知识内容和"教科书"的编撰逻辑，也要从理解中国古代社会的礼法制度入手，这些法式制度的最终目的是培养出重礼的匠人。在清代的《工程做法》中可以看到与《营造法式》较为一致的强调礼法的编撰逻辑。尽管两部书在当时的流传和使用情况很难详细考究，但是从后来营造学社田野调查所收集的建筑样式、民间做法口诀等信息可知，《营造法式》中的很多营建做法在民间普遍能够找到与之一一对应的内容，表明了它作为官方教科书的影响力。除了这两部典籍之外，影响力较大的还有关注江南地区工程做法的《营造法源》，这一著作的成书时间更晚，一度被作为苏州工业专门学校建筑科的教材使用。在今天的建筑学与环境设计专业中，由于极少有院校在本科阶段设置古建营造类的专门课程，因此与之对应的专门教科书较少，相关内容仅在《中国建筑史》等教材中有所提及，但这类教材更关注史实梳理，对于设计方法的探讨较为有限。

古代营造典籍对于传统营造的传承和传播无疑有非常积极的作用。然而，从古代教材中吸收原型的养分只是传承的第一步，想传承本土营造精神仅凭这一点还远远不够。《营造法式》等典籍相当于中国古代在营造领域的法规与设计制度的整合，可以想象如果在今天的应用型高校专业教学中，完全以它作为建筑设计、环境设计课程的教材，学生想养成自己独有的意匠和操作方法是比较困难的。从以往的情况看，应用型高校针对传统营造的设计教学涉及较少，也缺少一套相对严谨而又不失灵活性的现代课程体系。一些传统营造领域优秀的技术类书籍在传承本土营造层面的潜力也并未得到充分挖掘。比如马炳坚老师撰写的《中国古建筑木作营造技术》、刘大可老师撰写的《中国古建筑瓦石营法》等营造技艺专著，内容极为丰富。但在一些应用型高校教学中仅仅将其作为施工图集、技术手册来使用，极少有围绕本土原型工法开展富有时代精神的系列化教材建设。

对于传统营造领域原型的研究，能够帮助当代设计师和教育者进一步明晰自古以来的营造观念在工程实施层面的表达逻辑，熟悉传统的工作流程和操作习惯，能够为当代本土设计实践和教学实践提供转译的依据。但是必须注意的是，中国传统营造观念思想与实施方法的诞生都有其特定的时代背景，今日的中国已经与彼时有了巨大的变化，我们对于中国古人的思想和方法的解读，都要结合当时当地的状态，同时也要注意甄别当时的理念和方法是否适用于当代中国的社会生活，努力发展出较为灵活的本土设计方法。这与中国文化中因势利导，灵活变通的思想也是一致的。

2.2 本土建筑学教育的类型与特征

2.2.1 沿革

中国近现代的建筑学教育始于 20 世纪初，彼时还未出现今天隶属于艺术学的环境设计相关专业。在 20 世纪 30 年代之后，梁思成、林徽因等前辈学者把布扎（Beaux-Arts）体系带回中国，并陆续影响到当时国内其他同类院校的建筑教育。从这个意义上说，"布扎"所代表的学院派教育体系是影响现代中国本土院校的第一种教学体系上的"原型"。相对于传统手工作坊的师徒传授的方式，学院教育更为系统而全面，教育者可以用班级或工作室作为教学基本单位，将专业知识非常高效地传播出去。梁、林二位先生也充分运用从学院派教育所获得的测绘能力，与营造学社的其他前辈学者一道，将尘封已久的中国营造历史重新擦亮，呈现给了后世学界。20 世纪 30 年代开始，中国部分院校开始受到欧美现代建筑教育的影响，呈现出较为多样的发展趋势，但很多古代营造资料对于彼时的中国院校建筑教育来说，仍像满天星斗一般。这些资料内容经常难以破译，因此也难以让彼时的专业院校对中国古代营造形成统一的认知体系，更未有与之相关的系统教学。这一局面直至梁思成先生编写并出版《中国建筑史》之后，才有所改观。20 世纪 50 年代全国高校院系调整后，建筑学专业教学再次倒向布扎模式，在此期间，学者们对中国传统营造以及《中国建筑史》的讨论并未停歇，但对于传统营造文化在现代建筑学教育中所扮演的角色和定位并未达成共识。改革开放后，中国建筑教育进入了一个新的发展阶段。本土院校开始引进当时国外院校的建筑教育理念和教学方法。以专业基础教学为例，国内多所建筑学强校开始了对于现代建筑设计基础教学的深入探讨，"包豪斯""德州骑警"等现代教学体系成为影响国内建筑教育的新的"原型"。如果说布扎体系能让古典建筑设计变为可教的学术，那么彼时国内院校引入"包豪斯""德州骑警"的教学模型，则希望探讨如何使现代建筑设计成为可以传授的知识和方法体系。这些国内院校在结合各自学情后，产生了各自基础教学阶段的特点，其中以东南大学、清华大学、同济大学等院校尤为突出。这一时期，社会对于本土营造的深度探讨相对较少，从第二届"北京十大建筑"的获评作品可以看出，除了大观园、北京图书馆新馆等少数建筑，其他获评建筑无论外观形象抑或空间布局都较难让人对中国本土营造产生联想。但仍有少数作品立足中国传统文化，对现代中国本土营造进行了研究，比如 1986 年落成的由冯纪忠先生设计的何陋轩。进入 21 世纪，中央美术学院于 2003 年通过与北京市建筑设计研究院的合作办学，将建筑设计和环境艺术设计专业从设计学院分离出来，成立了建筑学院，人文与艺术在建筑教育体系中占据了更重要的位置。此后不久，中国美术学院也于 2007 年成立了建筑艺术学院，开始重新探索在艺术院校中进行建筑教育的路径。这些艺术院校的建筑学教育与传统理工类院校的建筑学教育，形成了支撑与互补的局面。特别是中国美术学院的建筑教育，在国内率先提出培养"哲匠"式的本土建筑设计人才，让中国传统营造文化在学院教育中收获了更大的关注。

2.2.2 分类

目前中国本土高校的建筑学教育有两种主要类型，一种是理工类建筑学院下设的建筑学专业教学，另一种是艺术类学院体系下的建筑学专业教学。前者以"老八校"为代表，后者则以中央美术学院、中国美术学院等艺术院校为代表。前者招生对象多为理科生，后者则多为文科生。通常的观点认为，如果美术生想学习建筑学专业，适宜报考各个美术学院下属的建筑学专业，因为这些院校更关注学生是否具有良好的美术基础。但随着时代的发展，这一现象也在逐渐发生变化，中央美术学院的建筑学专业自 2020 年开始取消了校考，传统观念上的美术与设计基础受重视的程度大大降低，结合其越来越理工化的教学内容，反映出部分美术类院校的建筑学人才培养方式逐渐在向主流的理工类建筑学专业靠拢。

从学制来看，目前我国建筑学专业本科阶段的主流学制为五年制，如果学位授予单位通过了建筑学专业评估，则学生毕业之后就授予建筑学学士学位，未通过则授予工学学士学位，但这一学制并非一成不变。以清华大学为例，1946 年建筑系创立之初，学制为四年，自 1952 年开始，建筑系教学紧密结合当时中国建设实践的需要，建筑专业开始实行六年学制，直到 1978 年以后，清华大学建筑学专业的学制才变为五年制。当然，有主流学制就必然存在"非主流"学制，另有一种建筑学本科专业学制为四年，授予工学学位。清华大学建筑学院目前也存在四年制的工学学士项目，四年学制院校比较典型的还有南京大学、北京城市学院等。最近，大连理工大学等院校陆续传出建筑学专业学制由五年制改为四年制的消息，引发不小关注，但更应受到关注的是当下中国城乡社会的发展态势，专业学制的设定应该充分服务于当代中国的本土建设和文化传承需求，在此基础上进行定期动态调整。

2.2.3　挑战

值得注意的是，在引入西方建筑教育的初期，鉴于当时的社会发展状态，本土高校对于西方建筑学教育体系大多采取全盘接受的态度，专业课程计划参考大量西方院校的教学案例，对于西方现代建筑教学体系鲜有反思和批评。本土高校对于中国传统营造内容的教学，普遍的情况是将其作为中国建筑史等课程中的历史知识而存在，或者单纯作为某项专题理论进行研究，尽管在东南大学、南京大学的教学计划中可以看到中国建筑史与"古建筑测绘""中国传统建筑文化"等课程的联系与互动，但是仅限于极少数课程，传统营造教育体系的底层逻辑似乎仍未建立。这一情况在中国美术学院建筑艺术学院的教学改革中逐渐发生转变，以王澍老师为代表的一批当时的青年学者尝试在专业教学体系和设计实践中融入更多的中国本土文化，这一在当时看来较为激进的尝试也在一定程度上为中国带来了第一座普利茨克建筑奖。

另外，虽然以"老八校"为代表的研究型高校在建筑学教育领域取得了丰硕成果，其教学计划和课程设计案例也被很多应用型院校学习和借鉴。但应用型院校的学情与研究型高校有显著区别，研究型高校的成果哪些适宜借鉴？以何种方式借鉴？应用型高校在相关学科的教学和实践上能够做出何种契合中国社会文化发展需求的创新？这些都是需要深入思考的问题。

2.3　本土环境设计教育的类型与特征

2.3.1　沿革

"环境设计"这一专业名称在我国不同时期有着不同的称谓，其专业内涵也较最初有所提升和拓展。我国早期环境设计专业从教学内容上看，基本等同于室内设计。

中央工艺美术学院（现为清华大学美术学院）是我国最早设置室内设计专业的高等院校。在 1957 年开设室内装饰专业后，其专业名称几经更迭，从建筑装饰、建筑美术、工业美术、再到室内设计。1987 年，张绮曼教授向教育部提出了在中国建立艺术类环境艺术设计专业的申请并得到批准。1988 年中央工艺美术学院顺应当时社会时代精神的需要，将室内设计专业更名为环境艺术设计系，1989 年中国美术学院也正式成立环境艺术系，此后伴随我国社会经济建设发展的巨大需求，"环境艺术设计"作为一个专业方向在 20 世纪 90 年代陆续在国内其他专业院校开设，其名称通常表述为"艺术设计·环境艺术设计方向"。在 2012 年本科专业目录调整后，"环境艺术设计"正式更名为"环境设计"。时至今日，该专业已发展为涵盖建筑工程技术与人文艺术科学，以及城市景观设计领域的综合型专业，主要进行室内外人居环境设计研究与环境营造实践，也由于该专业在我国特殊的沿革历程，使室内设计内容在该专业教学中始终占有极大的比重。

2.3.2　分类

与建筑学教育类似，目前我国环境设计教育也有两种主流类型，即：理工类院校下设的环境设计专业、艺术类院校下设的环境设计专业。前者如天津大学建筑学院下设的环境设计专业。后者则更为常见，几乎所有的美术学院和综合型大学下设的艺术类学院都有开设。

从学制来看，环境设计专业最主流的学制为四年制，学生毕业授予艺术学学士或文学学士学位。但也有少数专业院校的环境设计专业采用五年学制。以中央美术学院为例，建筑学与环境设计专业的景观方向、室内方向入学后学生不分专业，统一接受相同的专业基础教育，只在三年级后才分别进入景观设计、建筑学、室内设计专业的各个工作室进行学习。

由于环境设计专业今日的内涵甚大，与建筑学、景观设计、风景园林、城市设计等专业都有交集，因此在一些特色型院校，开展环境设计教学往往结合自身的特点。比如在北京林业大学，环境设计专业领域的若干课程在艺术设计学院和园林学院均有长期开设，教学计划也有互通的部分，但在特色学科的支撑下，同类专业也能够形成积极的联动关系，都形成了比较强势的园林属性。

2.3.3　挑战

在环境设计专业的孕育阶段，中央工艺美术学院的前辈学者将此专业定位为多学科交叉融合的综合型专业，建筑设计、室内设计、城市公共空间设计、景观设计都是此专业的学习内容，同时还要穿插学习规划学、社会学、工程学、心理学、美学、行为学等多学科知识，内容极为庞杂。虽然这种教学定位可能培养出文艺复兴式的全面人才，是非常好的教学愿景，但由于环境设计专业的学制普遍只有四年，在实际执行过程中，很容易导致将每一类学科知识分散设课，缺少明确主线课程。学生毕业后好像什么都略知一二，但是缺少专精。同样在创办专业之初，由于环境设计专业的前身"环境艺术设计"借鉴了不少日本相关专业的内容，导致其教学内容的本土线索在很长时间内不够明确。

张绮曼教授在 21 世纪初提出"为中国而设计"的学术主张，带领团队编写多部具有本土属性的学术著作，组织研究人员深入西部，探究生土住宅的现代转译方式，这些无疑为我国环境设计专业的教学研究做出了积极的示范。但也应该看到，广大应用型高校的环境设计专业仍然存在本土教学线索不清晰、本土思辨型教学内容不足的问题，对于中国传统营造相关内容的系统化教学研究极少，仅有的涉及传统营造的教学内容也多集中在某一门独立课程，且开课时间相对滞后，在专业启蒙阶段缺少有效的举措来辅助学生体会传统营造的精神。这些问题如果不能妥善解决，对于在宏观上建构本土特色的建筑与环境设计教育体系极为不利。

2.4 本土营造在应用型高校教学中的发展潜力

通过上面分析可以看到，目前广大应用型高校的建筑学、环境设计教育尚未形成较为系统的本土营造教学体系，很多应用型院校自身的教学计划往往跟随研究型高校的先例，比较鲜见围绕自身办学定位的具有本土营造特色的教学模型。可以说本土营造在应用型大学相关专业中的发展潜力还远远没有被发掘。

此外，从师生规模上看，目前我国开设建筑学、环境设计专业的应用型高校体量更大，拥有大量的教师和学生，特别是在本科阶段，应用型高校普遍有庞大的学生群体。举例来说，研究型高校如南京大学在 2018 至 2019 年，每年招收建筑学专业本科生的数量分别为 32 人、17 人，研究生招收人数分别为 76 人、81 人；在北京城市学院这一应用型高校，2019 年以后的建筑学专业本科招生人数一直维持在 90 人以上，但该校建筑学专业目前没有研究生层次的招生计划。而在环境设计专业也有类似的情况，中央美术学院建筑学院的本科招生人数多年来一直维持在每级 90 人左右，在大三分专业后，一般会有约 40 人进入建筑学专业，其余的景观设计专业、室内设计专业各招收 25 人左右，因此传统意义上的环境设计专业（景观设计和室内设计）只招收 50 人左右的本科生，该人数在城市设计专业成为建筑学院本科招生专业后进一步减少。环境设计相关方向的硕士研究生招生人数每年 15 人左右。在北京联合大学这一应用型高校，环境设计专业共有专升本、本科、硕士研究生三种招生类型。自 2019 年以后，每年本科阶段招生人数维持在 105 人以上，硕士研究生人数维持在 7 人左右。尽管研究型高校的学生个体素质相对更高，但是应用型高校招生规模上的优势无疑是客观存在的，此类群体在未来会成长为国家相关行业领域的"大多数人"，承担着提升行业综合水平的重任。在中华民族伟大复兴的历史背景下，应用型院校应该立足自身所处的赛道，依据自身学情，建构中国本土设计的底层教学逻辑，逐步发展出具有本土特色的课程生态。

下 篇

本土转译

　　在上篇中，我们能够看到中国古代的空间创造活动在营造意匠和操作方法上，具有内在的同一性，蕴含丰富的"原型思维"和"原型方法"。中国古人也凭借这些意匠与工法，建构起独具特色的中国营造文化。今天的生活方式已经发生巨大的变化，在当代大量复制古代的对象无疑是不可取的，但是丢掉自己的民族性格实则更加危险。传统营造文化应该与中国其他领域的文化一样在当代找到适宜的转化机制，不断推陈出新，持续地随着时代生长。

　　下篇内容从设计实践对于原型意匠和原型工法的回应谈起，围绕实践和教学领域的若干专题，尝试探讨在应用型高校专业教学中转译传统营造原型，建构本土营造课程群的可行性。这里的本土转译具有两层含义：第一层含义是将中国传统的营造思维、操作方法内化成当代师生的设计实践能力；第二层含义则是指将不同时期、不同类型的本土营造内容结合时代特征进行教学梳理，翻译成当代应用型高校相关专业可以交流、研习、表达的空间营造语言，进而形成一种本土教学机制。

3

本土营造理念下的转译思考

20 世纪末至 21 世纪初的十年，是我国城市化进程加速推进的一段时间，建筑学与环境设计专业的实践项目数量激增，业界普遍关注项目实施的速度，关注专业领域内的宏大叙事，但随处可见的是现代技术对文化差异的毁灭性打击。面对彼时的实践热潮和诱惑，对于设计从业者个体来说，想要形成对当代本土设计转译路径的系统化思考是比较困难的。对于笔者自己来说也是如此，在走过很多弯路，做了大量无效工作后，才发觉无论实践还是教学，平心静气地从解决设计的基本问题入手，从做好一件小事开始，才有可能让事情变为它本来该有的样子。在本章内容中，笔者将结合自身实践中几点有关本土营造的思考作为开展教学研究的引子，通过类似前置实验的经历，将传统营造原型进行教学化梳理，进而找出适宜在应用型高校专业教学中进行转译和拓展的方向。

3.1 中国传统建筑的转译思考

形态上的相似，往往能够直接唤起人们对于往昔的记忆。因此，人们对传统文化的传承经常会在模仿原型对象的形态上做文章。建筑环境设计领域也常见这样的做法。20 世纪曾经流行过的民族大屋顶建筑，就是采用这一设计方法的产物。例如，由杨廷宝先生主持设计的南京庚款管理董事会办公楼、河南新乡河朔图书馆等建筑均采用这一方法。从南京庚款管理董事会办公楼的形态特征上看，中国传统建筑屋顶、屋身、台基的三段意象均有保留，但除了屋顶之外，屋身和台基处的原型特征被弱化，传统屋身部分的比例往往由于更多建筑面积的需求而被拉长，屋身处的柱类、枋类杆件则往往被整齐的墙体界面所替代，或是以砖石、混凝土壁柱形式进行隐喻，"台基"处则没有了"下出"的做法，常作为视觉装饰意象附着在墙体上。屋顶处保留了清式建筑的举架抬升关系，除了屋脊吻兽的形象被简化，屋顶处的其他外观特征都被较为完整继承下来。在结构上，其墙体部分按砌体结构逻辑完成，而屋顶内部结构则以混凝土梁代替原实木檩条。此外，在河南新乡河朔图书馆的剖面上，还能见到以桁架逻辑替代抬梁逻辑的屋顶做法，屋顶外观仍然呈现传统形态。这类中国式的折中主义方法在之后的很长一段时间内成为表达中国本土建筑的主要手段（图 3-1、图 3-2）。

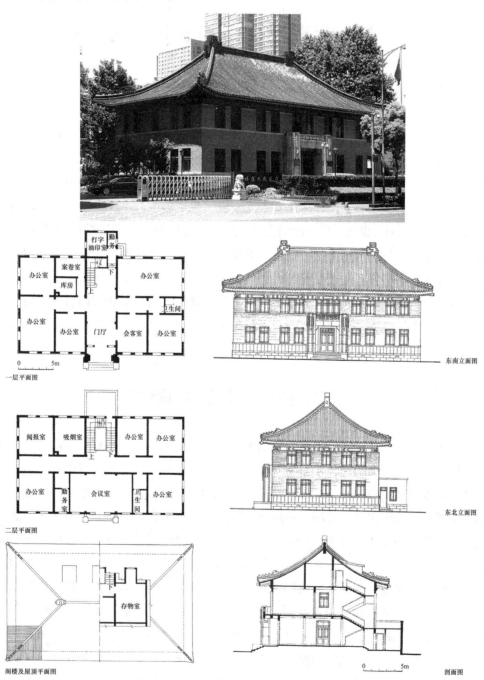

图 3-1 南京庚款管理董事会办公楼

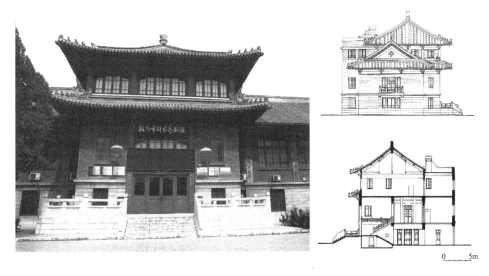

图 3-2 河南新乡河朔图书馆

这种方法开宗明义，能够直观再现传统形象，因此在很多场景下有其积极的意义。但是，如果一味忽略现代材料的特性去还原某种形态，除了会消耗无谓的人力物力，在空间表达上也往往给人怪异的感受。这方面的极端案例有北京天子饭店、沈阳方圆大厦等。

中国传统木构建筑的形态通常是由材料的性质决定的，主体结构上使用的大量杆件也是基于木材本身的性质才能在加工后发挥结构作用。而现代建筑使用的多为混凝土、钢材等现代材料，这些材料的特性与木材迥异，使用逻辑上也有诸多不同。混凝土材料通常在现代建筑中以墙体、楼板等面貌出现，而钢材在加工为型钢后能够作为杆件发挥结构作用。在现代建筑技术的加持下，木材、钢材、混凝土材料之间并非彼此隔绝。相反，在空间的营造上，这几类材料之间可以有更多对话和联系，表现为各种现代工艺的钢材与木材、混凝土与钢材、混凝土与木材的混合式结构。熟悉现代材料的特性和使用逻辑后，结合对于中国传统建筑原型的认知，才能够为转译传统空间的意象提供更多便利条件。

3.1.1　宁波保国寺大殿的空间转译思考

建筑空间的最初意义在于为人们遮风避雨，中国传统建筑也不例外。相对现代建筑而言，中国古建筑的构造交接更多，也会带来更多的缝隙，这些缝隙尽管会产生良好的通风效果，在地震来临时能够消解一部分地震的破坏力，但也会牺牲掉建筑的部分保温能力。所以人们如果想完美地实现建筑遮风避雨的愿景，不可避免地会追求更为完整的建筑界面。现代建筑中的承重和围护结构大量使用钢筋混凝土材料，其形成的完整墙体能够满足这一需求。但是作为板片逻辑使用的钢筋混凝土建筑界面却很难与中国传统营造建立关联，如果想在具体的项目中表达传统营造的精神，应该适当改变钢筋混凝土的使用策略，使其在建筑平面组织和建筑结构、构造表达上呈现更多中国传统木构的特征。带着这样的思考，笔者对保国寺大殿进行了设计转译研究。

3.1.1.1 主体结构的转译

宁波保国寺大殿被称为《营造法式》的活化石，尽管大殿外廊副阶部分为清代重修后的面貌，但在其中心位置的原宋构部分，很多做法都与《营造法式》记载相吻合，对于研究我国宋代抬梁式建筑营造方法意义重大。根据目前资料的推测，原宋构部分为三开间大殿，由 16 根柱子承担竖向载荷。这些柱子都为"瓜棱柱"形式，按位置的不同，还有全柱面瓜楞、角柱面瓜楞和半柱面瓜楞 3 种形式，中间的四根柱子截面尺度最大，做法均为 8 瓣全柱面瓜楞。大殿的前廊部分是礼佛空间，其上有 3 个华丽藻井，这也使该处空间在礼佛时有极强的仪式感（图 3-3）。

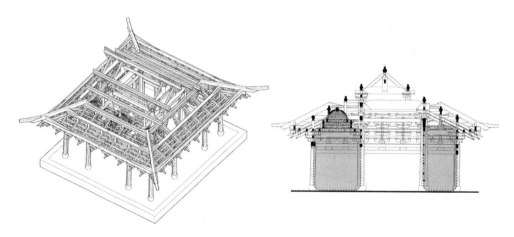

图 3-3　保国寺大殿轴测图与剖面图（根据殿内模型推测复原）

原型建筑的空间特征及其呈现出的空间氛围是非常需要关注的。通过软件建模可以逐步明晰保国寺大殿宋构的特征，但这只是进行转译的前置基础工作，接下来则需要根据现代材料的特性和适宜的构造做法对其空间进行新的诠释。经研判：保国寺大殿的平面格局由于是当时江南地区较为典型的殿宇平面，其空间的尺度有利于营造传统宋代建筑的室内氛围，因此其空间的平面格局应该予以保留；在剖面关系上，保国寺大殿前廊部分的藻井有抬升空间的作用，空间体验极为特殊，应该在转译过程中转化这一体验；在整体结构上，实木杆件承重的逻辑非常清晰，应该在转译时将杆件逻辑进行延续和发展；在构造做法上，瓜棱柱这一做法有其特殊性，特别是中间四根柱子应给予重点关注，此外多个杆件之间的榫卯做法也应在转译中有所回应。

（1）平面关系的存续

保国寺大殿的平面布局能够反映宋代人居环境的尺度关系，对于传承和研究宋代国人特有的空间体验有重要意义。转译后的空间仍然以原始平面柱网关系为依托，其南北、东西四列柱子的柱间距比例与原平面保持一致，中央空间位置的四根瓜棱柱的平面比例也与原建筑一致。考虑到现代混凝土、金属型材等材料的特点，原型建筑柱子下部用于防潮防腐的石质柱础不再保留，而代之以更为简洁的现代结构做法。

（2）剖面呼应与转化

由于原型建筑在前廊部分有三个并置的藻井，使大殿剖面上的南北空间并不对称，前廊部分有明显抬升，配合开敞做法，带来更为神圣的礼佛体验。这一剖面上的空间特征在转译后予以保留，并以现代的空间组织方式做出抽象的表达（图3-4）。在现代建筑中，平屋顶是惯常的做法，这一屋顶形式简洁、构造简单、节约材料，并且形成的板面能够发展为露台、屋顶花园等功能，因此在剖面关系确立后，新的建筑形象在屋顶部分也会以平屋顶替代原歇山顶。

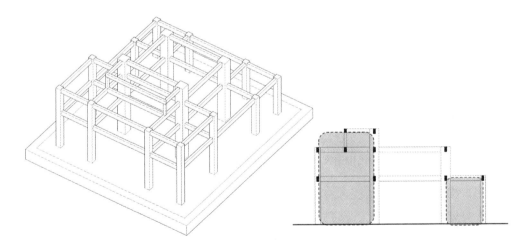

图3-4　简化的现代杆件对保国寺大殿空间尺度的呼应

（3）杆件置换与衍生

保国寺大殿结构所用杆件极多，均为实木制作。将实木杆件适度替换为现代建材制作的杆件会增强建筑空间的时代特征。现代建筑中的杆件主要以柱、梁、桁架的面貌出现，常用的现代柱梁材料有混凝土和钢材。混凝土需要与钢筋配合使用，钢材还会按照使用需求的不同，加工为U型钢、H型钢、方钢管等型材进行使用。

在金属连接件的辅助下，木材也能与混凝土、型钢共同建立结构体系。在杆件置换中，选取混凝土杆件、钢结构杆件、钢木混合杆件三个结构系统，在延续原型建筑空间格局基础上，分别对其实木柱、梁类杆件进行置换，可以形成丰富的空间体验（图3-5）。此外，由于混合式结构在现代节点的辅助下可以按不同的逻辑对实木与混凝土结构、实木与钢结构、混凝土与钢结构等不同构件进行多样化的组合，即使空间的格局不变，杆件也能够在当代创造出更为多样的空间体验（图3-6）。

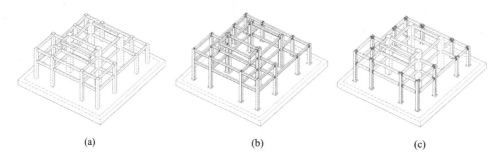

(a)　　　　　　　　　　　(b)　　　　　　　　　　　(c)

图3-5　混凝土杆件、型钢杆件、钢木混合杆件对原杆件体系的抽象置换

（a）混凝土杆件；（b）型钢杆件；（c）钢木混合杆件

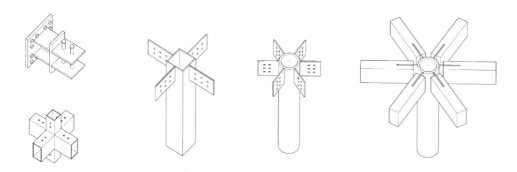

图3-6　现代构造技术能够为杆件体系的生长提供更多可能性

（4）构造做法转译

在具体的构造做法上，原型空间的瓜棱柱做法独具特色，其中位于中央部分的四根柱子每根都可以理解为多个单一杆件的集束组合，这一构造做法可以通过现代的钢结构杆件体系、钢木混合杆件体系得到回应，具体做法可以使用十字型钢柱进行转译。十字型钢材形式规格较为多样，如果在设计中寻求形式语言的统一，或者需要与钢结构、钢木混合结构中的H型钢搭设的柱梁建立关联，可以选取带腹板的十字型钢进行转译，能够产生多个H型钢集束的意象。

3.1.1.2　空间模数的衍生变化

上述转译研究初步表明，运用现代材料结构技术能够对传统建筑空间做出新的诠释，原型木构杆件系统能够被现代的材料继承和发展。而在现代建筑中也有通过继承、转译传统空间的比例尺度，进而呈现古典建筑精神的设计方法。在巴塞罗那世博会德国馆中，密斯·范·德·罗就曾对古希腊帕提农神庙的平面比例进行了不易觉察的"借鉴"。无论是整体空间的平面比例，还是在局部区域的平面比例上，德国馆都与帕提农神庙有千丝万缕的联系，说它的内部藏着一个帕提农神庙也不为过（图3-7）。事实上，人们游走在密斯的很多作品中都会不自觉地感受到来自古典的力量。可见，如果能够让传统建筑的空间尺度有一些衍生变化，其承载的本土空间意象也是能够被持续转化的。

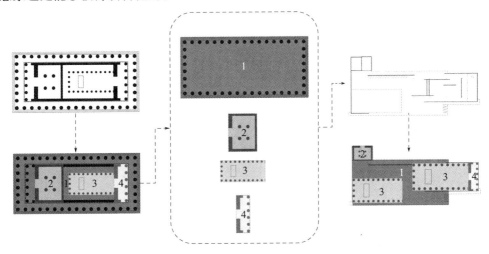

图 3-7 巴塞罗那世博会德国馆与帕提农神庙平面比例的同一性

保国寺大殿宋构部分南北方向的进深要大于东西方向的面阔，其南部三椽下的空间为开敞前廊部分，北部五椽下是围合的殿内空间，椽数呈现 3：5 的比例关系，其中北部的五椽又可分为中央四根内柱区域的三椽和内柱与后檐柱的两椽，其椽架数可按 3：3：2 的比例进行理解，但由于脊槫和上平槫之间的椽架距离相较其他椽架更大，因此平面柱网的数据比例关系与椽架数比例并不完全一致，由南至北近似呈现 7：9：5 的比例关系（图3-8）。在进行转译操作时，应根据需要对两套数据进行选择，如果只关注对宋代间架比例的传承，则两套数据均可作为比例原型。

除了椽架数、平面柱网之间的比例关系，剖面上的尺度关系同样应该在模数衍生中受到关注。在整个大殿的宋构部分，结构标高最高处位于脊槫上，约11m。其他各槫标高按照宋代建筑营造工法做举折处理，但在建筑南部的前廊区域，由于上部三个藻井的存在，此处空间的最高处其实是被下平槫的标高所定义的，这与大殿北部空间有显著不同。因此进行转译时应该结合建筑剖面关系上的数据比例特征，进行空间尺度意象的转化。通过研究原型空间的平面和剖面尺度模数，能够由此发展出与传统宋代空间相近的体验，并以现代的杆件体系实现这一尺度模数的各类衍生变化。此外，由于现代杆件体系的特性，适当减少柱子和墙体较以往更容易实现，空间的自由度增加，也一定程度上呼应了减柱造和移柱造的传统做法（图3-9）。

保国寺大殿的转译思考并没有从刻意模仿形态出发，而是希望立足空间本身，运用现代材料和结构技术实现对传统营造的诠释，转译后的建筑形态是现代杆件体系的自然表达。通过现代建筑技术的介入，能够实现不同场地条件下的具有江南地区抬梁式殿宇意象的现代空间。

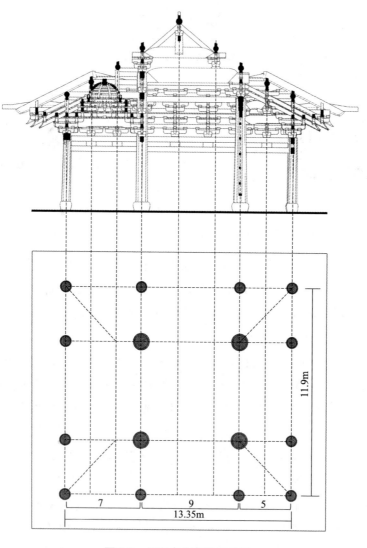

图3-8 保国寺大殿柱网关系

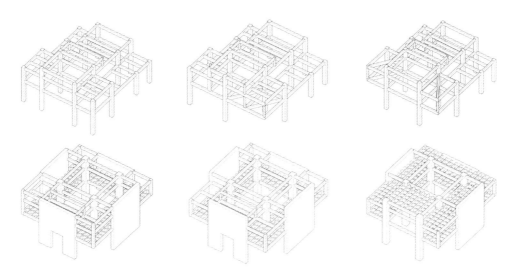

图 3-9　现代杆件体系对保国寺大殿空间模数的多种转译

3.1.2　凉山彝族传统民居建筑的转译实验

凉山地区的彝族传统建筑非常有特点，其结构做法可以视为穿斗式的一种变体。但与其他地区穿斗式结构相比，彝族传统建筑屋架常做成掮架的形式，并在建筑外部挑檐枋枋头、建筑内部挑檐节点等处装饰有牛角、日月、闪电、云彩等装饰，有极强的民族地域风格。如果能够对这一具有强烈地域特征的传统建筑做出当代的回应，能够为中国传统穿斗式结构的当代转译创造积极条件。

3.1.2.1　单榀屋架构造的转译思考

在中国传统营造中，穿斗式建筑的建造方式以及对杆件的使用逻辑与抬梁式建筑有较大区别。在施工过程中，穿斗式建筑是可以将每榀屋架的构件在地面上预先摆好，再进行穿插的。穿插完毕再将其立起来，之后再把其他檩条类杆件直接搭在柱子上。这一方式在凉山地区彝族住宅的营建上也有应用，每榀掮架也会预先在地面上做好穿插。但该地区还有不少建筑结构与常见的穿斗式做法不同，比如掮架的中间部分的柱子经常不做满柱落地，而是由各个穿子做成向上托举的木栱，将中间部分的短柱直接托在空中，从而创造出更为宽敞的室内空间。可以说掮架是凉山地区彝族民居建筑最重要的结构特征，而每一榀掮架也成为这一特征最直接的载体（图 3-10）。因此对于凉山地区彝族民居建筑的转译对象选定为中柱悬空的掮架住宅，首先对其单榀屋架的结构形式进行现代转译。

通过对原型建筑结构的研究可知，凉山地区彝族民居建筑的开间和进深尺度都不大，如果用钢筋混凝土结构对其进行现代诠释，难免会让转译后的结构显得过于厚重，失去原有建筑的轻盈和灵活感。凉山地区穿斗式结构的柱子及其檩条间距较小，该数值通常在50cm至60cm，可以说非常密集。对其结构体系转译最为直接的一种方式，仍然是保留原有的空间模数，在原有杆件的间距数值下，运用材料置换的方式进行转译。凉山彝族民居建筑所使用的杆件是圆形截面的木檩条和柱子，这种截面形式在现代建筑柱梁上的运用相对较少，更为常见的是由各类现代建材形成的方形、矩形截面柱梁，以及各类截面的型钢柱梁。这些截面形式的柱梁与现代建筑极简甚至有些冷酷的形象有内在的同一性，但同时也是现代建筑材料特性的表达。因此，如果将原型结构中各类圆形截面杆件置换为方形截面杆件应当会增添空间的现代体验。

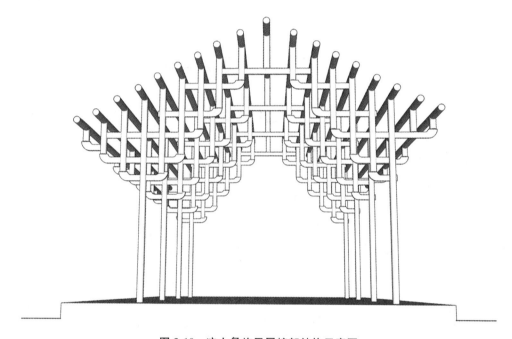

图 3-10 凉山彝族民居搁架结构示意图

在这样的思路下，第一种方式选择的是以6cm×6cm的方形截面实木杆件借助少量金属连接件，在原型单楹屋架构件间距的基础上进行横纵向穿插。对原有节点处牛角、日月、闪电等装饰进行抽象处理，用一半或四分之一柱、檩间距的木杆件指代原有装饰，伸出的构件端部则可以用来悬挂彝族传统民俗装饰物。通过方形截面实木杆件的组合建构起与原型建筑秩序一致的单楹屋架（图3-11）。除了通过改变实木杆件截面增添现代性，还可以借助型钢和更多金属连接件，实现形态更为多变的单楹搁架（图3-12）。在具体实施过程中，既可以选择诚实地反映钢、木材料各自的形象，也可以选择在钢结构表面附上木饰面，营造更为统一的现代木构住宅的室内氛围。单楹搁架关于搁架中木栱架部分的转译，也能作为钢木混合结构对传统斗栱构造转译的尝试，借助不同的钢木交接方式隐喻偷心造、计心造等多样的斗栱形式（图 3-13）。

与传统彝族住宅原型搁架经常需要人力加工相比，现代材料和结构技术更能实现预制和批量化生产加工，各类杆件完全可以在工厂加工完成后到现场组装，提高了建筑空间的营建效率。

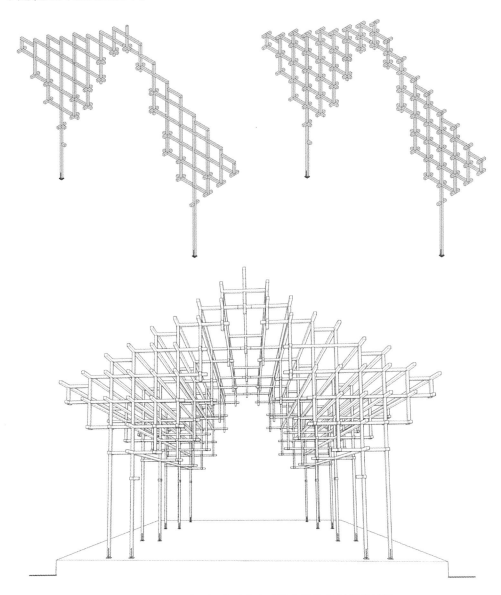

图 3-11 方形截面杆件对彝族民居建筑单榀屋架的转译

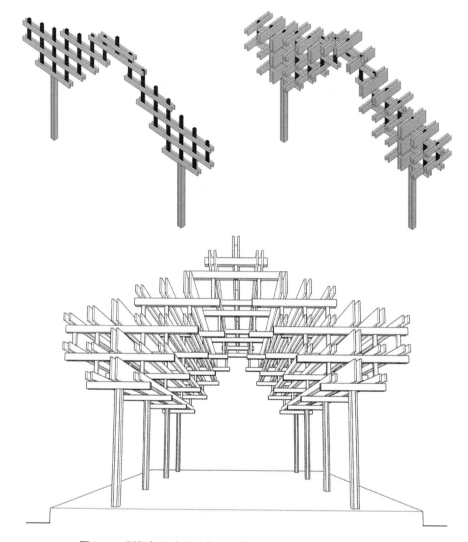

图3-12 型钢与实木混合杆件对彝族民居建筑单楄屋架的转译

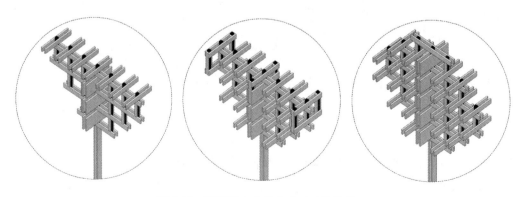

图3-13 不同钢木交接方式对斗栱的转译

3.1.2.2 整体空间的转译与思考

凉山地区彝族民居建筑的进深普遍小于12m，面阔方向尺度稍大，但也较少超越25m，因此一座房屋所用掮架榀数并不多。对于整体空间的转译研究，可以先从较为常见的纵向三榀、横向两榀普通民居建筑入手。这一掮架设置的逻辑较为简单，横、纵向屋架各自平行排列，檩条直接架设于柱上，同时也对纵向排列的每榀屋架起到联系的作用，从而保证各榀掮架的结构整体性。由于单榀掮架的进深尺度关系已经在第一阶段的转译中确定，因此整体空间转译关注的重点更多放在面阔方向的尺度上。在具体转译中，一种方式是参照原型建筑的单榀屋架位置和数量进行设置，另一种则是在相距4m左右的掮架间距范围内进行相对灵活的布置，在这一方式下，面阔25m左右的民居建筑可以设置4至5榀屋架。

除了横、纵向平行排列的掮架结构，该地区民居建筑中还有一类较为特殊的掮架组合方式。该方式在横纵向掮架布局基础上，增加平面呈45°方向的掮架，与横、纵向掮架一道构成了"米"字形平面结构布局，以相同的层层挑出的方式，共同承托脊檩的中柱。这类掮架组合相对复杂，在关注单榀屋架转译效果的同时，还需要对组合后的屋内空间尺度做更为细致的考量（图3-14）。

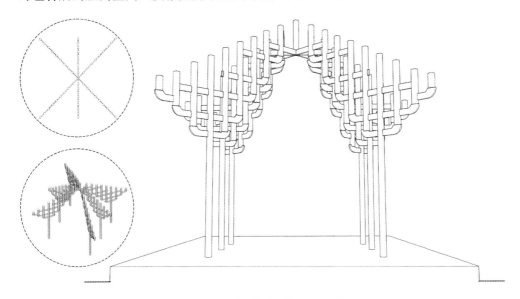

图 3-14　"米"字形掮架的特征

通过对保国寺大殿和凉山彝族民居建筑的转译研究，初步表明立足建筑原型特征，运用现代建筑材料设计的杆件系统能够将抬梁式、穿斗式两种典型的传统木结构体系进行转化，并且这类转译方法有较好的衍生和延展性。

3.2 家具设计的本土转译探索

家具是与人类行为关联最为紧密的一种空间尺度，在这个尺度下，人们要面对的是最基本而又最直接的形态、行为、空间问题。中国传统家具以大自然中的木料、竹藤为主要材料，而现代家具的材料则多为人工合成材料。传统材料是否能够适应现代生活场景下人们对于家具坚固、实用、美观的需求？现代材料是否能够恰当地诠释出传统家具的形式内涵？如果能够对这两类问题做出有效的回应，对于设计并生产出具有当代本土特征的家具产品极为有益，本节内容尝试用设计实践的方式对这两类问题进行探讨，从这两种看似截然相反实则殊途同归的研究路径出发，探讨当代本土家具设计的转译方法。

3.2.1 用传统材料转译现代形式

刘家琨老师曾说"椅子是很基本也是很高深的东西"。对座椅转译途径的研究能够在小中见大，构建系统化的本土转译理论。藤椅是中国传统座椅中常见的类型，藤材也是中国传统家具设计的常用材料，作为一种速生的自然材料，它具有环保耐用可塑性强等优良性质。但是传统藤椅形式在现代设计语境下并不能被广泛接受，加之藤椅大都体量较大不便拆卸，其应用推广价值受到了制约。

针对传统藤制座椅的设计问题展开了相关设计实验，此次实验选取西方坐具史中非常具有代表性的椅子，尝试完全用藤材工艺重新呈现。在中西方文化背景、设计理念、结构工艺等一系列迥然不同的概念碰撞下，收获了对现代藤椅设计的新认识。

3.2.1.1 创意原型——五把现代经典椅子

由于设计实验的对象比较明确，可以用问题分析的方式来引导和推进设计实验。西方现代座椅与中国传统藤椅形式迥异，通过对传统藤椅和现代座椅案例的研读，产生了设计实验优先关注的问题：藤材是否能够解决现代坐具设计面对的基本问题、藤材是否能够适应现代座椅的各类形式、假如藤材料能够满足现代坐具的设计要求，能否将藤椅设计成既符合时代精神又具备地域特点的现代坐具？当然，如果仅仅用藤材完成了一两个现代座椅形式的实验，那显然缺少普适化的说服力。于是带着这些问题，陆续选择了五个经典的现代座椅作为实验研究的原型，探索完全使用藤材制作现代座椅形式的可行性。选取的现代座椅从坚固、实用、美观的角度来说都是非常成功的先例，在造型语言、结构方式、装饰工艺上又有很多不同之处。它们各自对应着一些坐具设计中需要解决的原型问题，具有很好的代表性，用藤材重新诠释它们的过程将会给设计现代藤椅形式提供有益的参考，也会让实践中解决的问题更加真实具体。

五个现代座椅的设计年代大都为19世纪中期以后，选择他们作为创作原型的原因及背景如下：DCW系列椅子第一次将胶合木引入坐具设计，通过热压工艺一次成型，生成的椅子非常符合人机工学的要求，坐感舒适。选取DCW椅子的形式是希望探索藤材料在诠释现代热压成型座椅时，应该采用的工艺方法。Tulip Chair，也被称为郁金香椅子。有机的形态非常动人，让人产生对自然物的联想，又具有非常鲜明的未来气息。选取这一形式意在研究藤材料解决现代座椅中心柱状结构支撑问题的方法。Panton Chair，又称美人椅。造型流畅性感，质量轻也很耐用。由于椅子本身的悬挑结构夸张，可以用来探索藤椅承重结构的极限。Wiggle Side Chair，也叫弯曲椅子，采用瓦楞纸作为主要材料的座椅，有弹性且不容易损坏。我们希望借用这一现代座椅形式研究藤材料本身的韧性和定型效果。Thonet No.14椅子，这把椅子造型弯曲流畅，结构清晰简洁，部件大都可以拆卸装配，只需要较小的空间就能大量存放各部分构件，便于运输和存储。选取这一现代座椅形式可以对藤材料制作装卸式座椅的可行性进行研究（图3-15）。

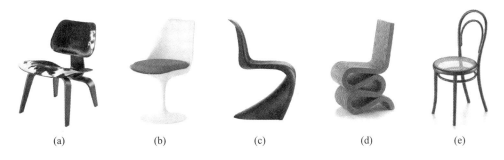

(a)　　　　　(b)　　　　　(c)　　　　　(d)　　　　　(e)

图3-15　五把现代经典椅子

（a）DCW Chair；（b）Tulip Chair；（c）Panton Chair；（d）Wiggle Side Chair；（e）Thonet No.14

3.2.1.2　实施与检验——对藤制座椅结构及装饰的适度更新

在选取的五个现代座椅创作原型中，郁金香椅和美人椅的结构形式是比较难处理的。郁金香椅的中心独立支撑结构用单根的藤材极难实现。这是由于藤材的直径有限，即使是直径3cm以上的粗藤如果做成一根粗藤支撑座面，也会受其材料韧性的局限，使座椅难以平稳。而如果使用几根细藤条互相扭结在一起的传统承重方式，又破坏了原座椅的承重逻辑。我们根据实验原型的特征和藤材的特性，选择了四根直径2.5cm粗藤集束的方式作为座面的支撑，并参考原作的两端扩展中间纤细的趋势，用热弯的加工方法完成了座椅支撑框架。这也可以理解为一种尊重藤材特性的弯曲杆件做法，使藤材在家具尺度上既发挥柱的作用，也发挥梁的作用（图3-16）。但是如果只做到这里就结束的话，造型上就与原作平滑过渡的独立支撑形式差异很大了，如何运用藤材的设计语言表达与原作同类的形式成为一个新问题。解决的方案是采取面层装饰的手法，用细藤整面编织的工艺做出完整曲面将结构包裹在内，藤材的粗细搭配以及对传统编织工艺的创新运用得到了一个具有地域性格的现代藤椅（图 3-17）。此实验的结果也说明在现代藤椅设计中，独立的中央支撑结构可以用此类工艺实现。

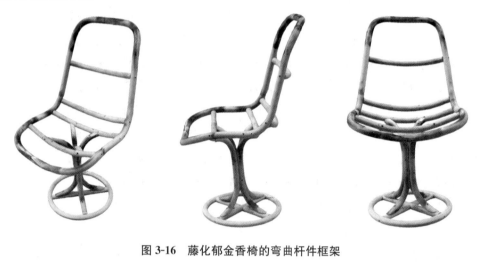

图 3-16　藤化郁金香椅的弯曲杆件框架

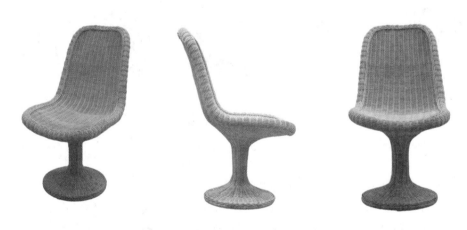

图 3-17　细藤编织法形成的细腻过渡效果

美人椅的结构难点在于处理其支撑、座面、靠背三者之间的悬臂关系。原作采用出模一体成型，在结构上是一个整体。藤材料如果用传统的方式很难完成这种浑然一体的现代造型，容易做成支撑框架、座面、靠背三者分离的椅子。经过分析研究，在转译座椅的结构处理上可以参考原型座椅的主要受力位置，于座面关键位置加做横向连接梁，与外沿结构大藤形成一体化的框架，所有的结构框架在形态趋势上用热弯的工艺与原作保持一致，以保证人机工学层面人体的舒适度。座面与腿部转角的位置则用三根大藤适当裁切钉成近似三角支撑结构，人们在坐上去的时候，藤材的韧性保证了即使发生小的形变也能获得比较稳固的悬臂关系，增加结构强度的同时与原作此处的外观逻辑保持一致（图 3-18），座面结构大藤还连接了下部几根发散的支撑藤条，保证了座面和靠背的载荷很好地分摊并传到地面。而座面及靠背表面依然是用编织的方法将结构框架消隐在内，藤化设计后的美人椅成为一个美观实用的整体（图 3-19）。

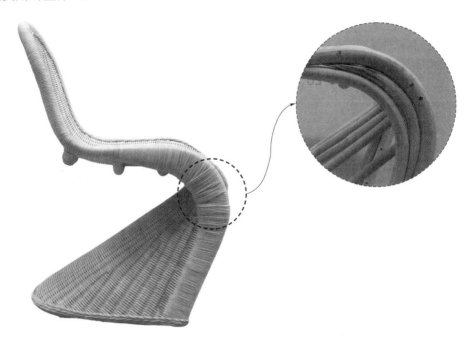

图 3-18　藤化美人椅的转角结构处理

图 3-19　藤化美人椅的结构与完成效果

DCW 椅子在转化过程中主要考虑打破传统装饰加工思维，将原有的"主干＋饰面＋装饰条"做法简化到主要结构和饰面的直接交接。原有的压条装饰被取消，以获得更简洁明晰的体验。但如果把这把椅子的图片直接丢给工人师傅，他们难免会做成加入传统压边处理的编织面（图 3-20），比较之后不难发现如果按照传统工艺方式发展成品，将很难找到原设计简洁的身影，这也是将传统藤工艺现代化的瓶颈之所在。我们在这把椅子的实验过程中，几乎是以全程跟踪的方式与工人师傅一起完成了 DCW 椅子座面、靠背处的编织面的平滑处理。以座面为例，采用的方式是不在形体结构转折的地方预留收口压条，而是直接编下去，最后在座面底部收口交接。烦琐的装饰条终于不见了，椅子成品比较好地呈现出 DCW 这类椅子的现代形式。此实验的结果也进一步说明在遇到流线平滑的椅面造型时，可以用细藤条整面编织的工艺实现这种现代形式。

(a)   (b)

图 3-20　传统藤椅压边工艺和 DCW 座椅藤化后座面工艺对比

（a）传统藤椅压边工艺；（b）DCW 座椅藤化后座面工艺

弯曲椅子的原作采用的是瓦楞纸材料，原作中的瓦楞纸从座椅侧面看，每片瓦楞纸的宽度都要比通常使用的结构大藤直径宽出不少。这样如果想贴近原型座椅的舒适尺度，就需要将结构藤材向外拉伸得更大一些，以保证座面的高度、宽度与原有座椅的尺度基本一致。实际上，从后来与工人师傅的交流协作中也发现，通常藤材的粗度与弯曲半径应不小于 1∶3.5 的关系，如果小于此比例，则藤材很容易在弯曲过程中毁坏，这把椅子结构藤材的弯曲程度也基本上是直径 3cm 左右大藤韧性的极限。该藤椅整体的设计逻辑借鉴弗兰克·盖里（Frank Owen Gehry）的方式，用多根直径相近的大藤经过相同角度热弯处理后，以横向连接件穿插密实排列做成椅子。从这个座椅的藤化实践结果来看，实现了藤椅装饰的高度简化——结构即装饰。这种以藤材本身结构形式作为外观装饰的设计手法被证明是可行的，也可以用来发展出更多这类设计逻辑下的现代形式。但是受限于藤材的自然属性，从实验成品椅子与原作的剖面关系来看，造型有些纤细，实际的坐靠体验偏硬（图 3-21）。

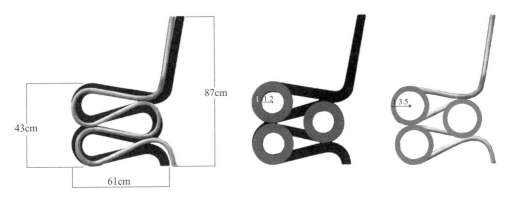

图 3-21 黑色所代表的原作与藤化弯曲椅子剖面关系的对比

五把椅子中在结构、装饰上最难做出改变的是 Thonet No. 14 椅子。这一原型座椅在最初设计的时候是可以拆卸的，如果想验证藤材料对装配式现代座椅的适应性，则必须也按照装配的逻辑对椅子重新设计。但是按照原作的装配方式制作的可拆卸零部件，不能达到原作的舒适效果。主要问题是受限于藤条材料的韧性，热弯处理很难将单根藤条长期定型。这一性质也使单根大藤做支脚的做法并不稳固，人坐上去时座面就会自然下压，四个椅脚则向外撇开。为了避免这种稳定性的缺陷就需要在各个支撑之间加连接件，这就改变了原作的设计理念和形式语言。所以最后的实验结果只是保留了原有的造型，但是结构、构造均不能拆卸，而是用钉枪将框架钉在一起。虽然实验过程中，椅子的结构并没有垮掉，也满足基本的坐靠需要，但却说明藤条简化到单根大藤作支撑结构时存在天然的困难，这也是传统藤椅在遇到类似四脚形式支撑时往往采用多根藤条扎在一起共同支撑的原因。对 Thonet No. 14 椅子不够成功的实验结果说明用藤材料制作造型简洁的可拆卸现代座椅形式存在一定的难度。

此次设计实验发掘出了藤材料制作现代座椅的若干可能，从其结果来看，藤材料诠释的现代经典坐具大都实现了形式美观简洁，并有亲切自然的坐靠体验（图 3-22）。通过对五个经典现代座椅藤化的设计实践，初步证实了通过对材料工艺的深入研究可以拓展现代藤制座椅更加丰富多样的形式，使藤制家具能够更加从容地应对现代生活中人们对于家具形式的要求。能够让藤椅这一中国传统坐具类型更好地服务现代生活，也让现代经典设计以一种本土化的姿态为更多的中国民众所认识和理解。

3.2.2 用现代材料转译传统形式

前面的设计实验已经基本验证了传统家具材料通过新的设计，能够转译现代经典家具形式。那么传统家具的形式做法是否可以被现代的材料适当地转译呢？带着这样的思考，笔者又进行了新的设计实验。

图 3-22　藤椅转译系列成品

榫卯是中国传统大、小木作惯用的一种构造原型，常常在木构杆件体系中以多样的形式与实木杆件配合发挥结构与装饰的作用。今天的人们仍然会将其作为中国传统营造的重要特征加以宣传。是否可以运用现代材料对其进行新的转译，让这一经典木构节点做法在当代焕发活力？可以说对木作榫卯的这些思考驱动了后续的一系列实验。

3.2.2.1　瓦楞纸断面插接现有形式体系：板片化插接

在家具设计领域内，同种材料在不同的设计策略下，经常会产生截然不同的装饰效果和使用体验。瓦楞纸作为家具设计材料已有较长的应用历史，但受限于板片逻辑的处理方式，这一材料在诠释中国传统木作家具装饰设计上的潜力还未被充分发掘。目前在瓦楞纸家具装饰设计领域中，层面排列式、断面插接式、折叠式、组合式是四类主要的结构方式，其中断面插接式结构因其广泛的造型适应性和丰富的视觉效果而广受设计师和使用者的青睐。

通过调研不难发现，板片化插接是目前最主要的瓦楞纸结构形式语言。该形式运用抽象意义上的板片要素进行多样的插接，既满足视觉上的审美需求也能够在结构、功能上起到较为重要的作用。按照设计意图和视觉效果的不同，瓦楞纸板片化插接可分为密集插接、拟态插接、蒙皮插接三种常见类型（图 3-23）。

运用上述瓦楞纸断面插接能够获得多样的家具设计产品。然而，单一板片插接逻辑下的家具构件在体积感上普遍偏弱，尽管蒙皮插接能够带来相对厚重、扎实的使用体验，但其在操作体验、成品视觉效果和使用效果方面都与中国传统木作家具产品存在较大差异。

密集插接　　　　　　　拟态插接　　　　　　　蒙皮插接

图 3-23　板片逻辑下的三种瓦楞纸断面插接方式

3.2.2.2　瓦楞纸杆件化插接类型探索

在中国传统建筑及家具设计领域，实木材料往往被加工成各类杆件和体块发挥结构与装饰作用，这与瓦楞纸板片插接方式在设计和使用逻辑上均有显著的差异。因此，预设的研究策略希望在实践中转变对瓦楞纸的使用逻辑，将板片转化为杆件，将单一转变为复合，共置于现代审美语境下，并尝试让这一策略产生的瓦楞纸杆件插接结构获得较为广泛的适应性。

单一板片插接按其断面特征可以定义为"I"形断面插接，在这一断面插接方式下，能够呈现富有秩序感的线性装饰界面，常见的插接断面形式能够形成十字形、三角形、米字形交叉等基本效果（图 3-24）。在此次设计研究中，基于类型学理论将瓦楞纸 I 形断面发展为 L 形、U 形断面，并对其装饰效果和插接方式做系统化研究，有助于发掘瓦楞纸材料诠释传统木作装饰设计的潜力，进而探究在瓦楞纸杆件插接逻辑下，传统木作装饰形态的实现方式以及适用场景，研判不同类型杆件插接后整体形态、细部节点的合理性和适应性。

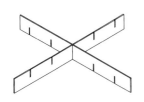 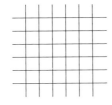  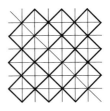

图 3-24　I 形断面瓦楞纸插接的三种装饰界面效果

（1）L 形断面杆件

L 形断面的瓦楞纸杆件由瓦楞纸板片经强化加工而成。按照 I 形插接的断面装饰形态，将原板片构件替换为 L 形断面杆件，在使用界面上能够让原本过于轻薄、纤细的瓦楞纸断面线条变得更为端庄、厚重，形成更为多样且有节奏变化的视觉效果。经设计实验可知L形断面的瓦楞纸杆件基本可以对应I形板片插接逻辑，每一构件开槽的位置与I形能够保持一致，因此在I形板片逻辑下能够实现的装饰效果，L形杆件均可以进行较好的转译。但是这一方式在纵向上仍为单片瓦楞纸板插接逻辑，且轴测角度的视觉效果仍与中国传统木作存在较大差异，不易让人产生对传统木作装饰的联想（图3-25）。

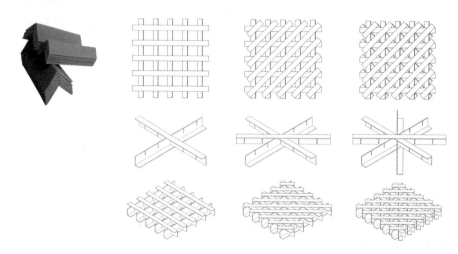

图3-25　L形断面瓦楞纸杆件三种基本插接的节点特征和整体装饰效果

（2）U形断面杆件

U形瓦楞纸杆件在L形杆件基础上进一步加工得来，与L形杆件相比，U形杆件在视觉上更为完整。如果将U形杆件开口倒置，能够让人产生完整封闭构件的视错觉。其色彩和形态与传统实木材料效果相近，杆件本身的结构强度也大于单一板片。通过设计实验可知，开口方向相同的U形杆件能够对两个插接方向的装饰形态较好地呈现，两个杆件插接在节点处所形成的平面夹角范围在30°至150°为宜。而如果这一方式的节点处面临多个方向的U形杆件，受限于普通瓦楞纸材料的性能，其节点处强度会相应降低。此时可以将一组开口方向相反的构件与之彼此插接，一方面减轻节点处的磨损和变形，另一方面能够形成更富有节奏变化的瓦楞纸装饰物。尤其适合将中国传统木作装饰纹样中的线性元素题材做抽象转译，获得饱含传统文化的中式瓦楞纸装饰设计效果，其形成的装饰造型适宜应用于室内空间及家具的界面，让使用者在潜移默化中感受中国传统文化的魅力（图3-26）。

除了对中国传统木作装饰图案有较大的转译潜力，运用U形杆件插接也能对现代抽象图形做出创新演绎，使其呈现一定的本土工艺特征。运用若干组开口相对的瓦楞纸杆件彼此插接，简洁抽象的线条设计语言决定了其插接形成的装饰形态仍然是高度抽象而富有秩序的，U形杆件本身相对宽而平整的表面、更为扎实的构件插接体验也能带给使用者传统木作的意向。U 形杆件插接节点处自然留有出头而不做装饰处理，让人联想起早期中国木构本真、朴素的美感。但该类型也存在一定问题，例如在多个方向进行插接时，各方向杆件交接处的出头在视觉上显得琐碎，且边缘容易变形和损坏（图 3-27）。

图 3-26 U 形断面瓦楞纸杆件插接形成的带有传统意向的界面装饰效果

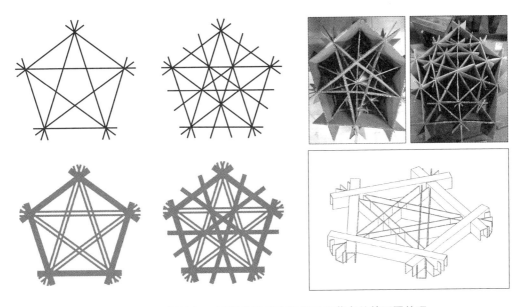

图 3-27 I 形插接与 U 形插接的对应转化以及节点处的不同处理

（3）口形断面杆件

口形断面杆件可以采用经强化处理的瓦楞纸预制构件实现，也可以通过设计普通瓦楞纸的展开面，运用预压、折叠的方法实现。该类杆件在视觉上较之 U 形杆件更为完整，除了可以保证外观的杆件意向，还可以在局部形成多层瓦楞纸板，增加侧壁厚度，相较以往单一板片的断面插接，极大提升了交接处的强度，构件之间的咬合关系也更贴近传统木作榫卯的厚重体验。构件卯口处尽管有局部透空，但是通过横纵卯卯交接，恰好可以将此处隐藏，提升了视觉美感。如需进一步提升节点强度和造型耐久度，在横纵相交处，可以依托清式斗栱中的大斗构件特征，参照清式斗栱各构件权衡尺寸表，设计四向开口的瓦楞纸构件插接到节点处，用以强化该类节点强度，在丰富产品装饰效果的同时带给人们更多传统木作工艺的联想（图 3-28）。预压、折叠式口形断面杆件需要对构件展开面做较为复杂的设计，存在插接操作上的困难，完成产品的自重较大，需要根据具体情况选用。

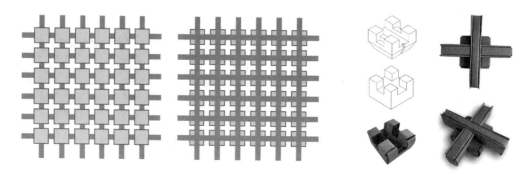

图 3-28　折叠式口形断面瓦楞纸杆件与大斗的插接组合形式

3.2.2.3　瓦楞纸杆件化插接类型特性归纳

为了使设计师更为高效的掌握各类瓦楞纸杆件插接的特性，有必要针对瓦楞纸断面插接的认知信息进行较为系统的梳理、归纳，建立起类型化的认知系统，方便设计师结合具体使用场景，选择适宜的杆件插接方式进行设计实践，提高工作效率。该系统的建立同样有助于引导设计师关注杆件逻辑下的瓦楞纸家具装饰形态、材料性状、结构性能等方面的可持续创新途径。

通过对瓦楞纸杆件插接基础信息的收集整理，在"节点强度""断面装饰潜力""空间装饰潜力""杆件形态完整度""插接操作难易度""传统图案适应性""传统木作关联度"等维度下，将不同断面类型的特征信息做进阶梳理，对每一维度下各种类型插接的表现做出分级评价，能够拓展出一套瓦楞纸杆件插接认知系统，有助于设计师分级权衡各型瓦楞纸杆件插接的优势与劣势，对设计对象拟采用的杆件插接类型进行有效率的筛选和演绎。此外，由于认知信息中加入了对传统文化的考量维度，可以对各型杆件潜在的文化载体价值以及转译操作的难易程度进行较为高效的研判，有助于设计师发展出更多有中国本土文化特征的瓦楞纸杆件插接类型（表 3-1）。

表 3-1　瓦楞纸断面插接类型认知表

断面类型	I 形断面	L 形断面	U 形断面	口形断面
节点特征				
设计与使用逻辑	板片	杆件	杆件	杆件、体块

断面类型	I 形断面	L 形断面	U 形断面	口形断面
交接处节点强度	较弱	较弱	中等	较强
断面装饰潜力	丰富	丰富	一般	一般
空间装饰潜力	一般	一般	丰富	丰富
家具设计适应性	中等	中等	较好	较好
杆件形态完整度	—	较差	中等	较好
单一杆件承载力	—	较差	中等	较好
插接操作难易度	容易	容易	中等	较难
传统图案适应性	较强	较强	中等	中等
传统木作关联度	较低	中等	较高	较高
插接造型耐久度	较差	较差	中等	较高

3.2.2.4 瓦楞纸杆件化插接的演绎与应用

设计师需要应对的设计任务是具体而多样的。对于不能直接按插接类型认知表选型的场景，可以依据该表提供的基础信息进行持续思辨，探讨瓦楞纸杆件插接新的组合创新方式。将实践中反馈的信息和数据做详细记录并分析，有助于瓦楞纸插接认知系统的不断完善，实现瓦楞纸杆件化家具装饰设计的可持续更新。

（1）属性融合与提升——波浪形联合杆件插接

以中式茶几设计为例，传统的中式木作茶几在视觉感受上通常会给人端庄、均衡、厚重的印象，在结构上以实木杆件支撑使用面的力学逻辑非常明确。目前在瓦楞纸家具设计领域，尽管也有运用 I 形断面进行密集插接设计的茶几产品，但是由于在板片逻辑下，使用面与支撑物是一整块材料，其插接形成的使用界面纤细、密集，很难让人联想起传统木作茶几端庄、厚重的视觉美感；传统木作杆件插接的力学逻辑也未能清晰表达。

通过对瓦楞纸断面插接认知信息的检索可知，在传统木作关联度方面，U 形断面插接和口形断面插接有较好的适应性，杆件的视觉完整度和结构承载力都表现较好。如果设计师希望在瓦楞纸设计产品中凸显传统木作特征，选用这两种类型的杆件插接相对更容易达成设计目标。预压折叠的方式能够形成中空口形断面杆件，杆件通过开口实现卯卯交接，在观感上较为贴近传统木构榫卯的效果。但该方式对于预制瓦楞纸构件的展开面设计较为复杂，弯折过程也相对烦琐，在应对一些复杂形态时往往力不从心。U 形断面杆件加工操作较为方便，但在视觉形象上始终不够完整，其开口方向的两翼也极易产生破损和形变，应该在设计转译过程中结合对象特征，探索更有针对性的处理方式，将两种类型杆件各自的优势适度融合。

　　在中式茶几系列化的转译实践中，笔者优先选取 U 形、口形瓦楞纸杆件插接进行特征融合，同时对 I 形插接形态进行转化。首先对原 I 形插接下的瓦楞板片数量进行精简，对插接位置进行优化，而后通过重组演绎的方式拓展出新的波浪形断面插接方法（图 3-29）。将两块波浪形瓦楞纸板按互为翻转关系做展开面设计，通过横纵卯口咬合的方式形成兼具体积感且富有秩序的连续杆件意向，在使用体验上，U 形杆件插接的特征大部分得以保留，U 形杆件开口处的不完整观感也得以改善。波浪形连续杆件插接形成端庄、均衡的使用界面，在其视觉与触觉体验上都更为完整。更具体积感的瓦楞纸插接也诠释出中国传统木作榫卯的美感，其整体形式相较于传统家具更为简洁，促成了传统文化内涵在现代家具设计中的表达（图 3-30）。在使用界面完成波浪形插接后，运用四个预设企口的 U 形杆件进一步强化波浪形插接，使其杆件承重的逻辑更为清晰。能够让茶几使用界面与支撑结构共同达成视觉上的均衡与同一，也较好地满足了茶几作为家具的功能（图 3-31）。

　　波浪形瓦楞纸杆件同时吸取了 U 形杆件和口形杆件的优势，相较于 U 形杆件插接而言，波浪形杆件插接因构件需要同时进行多处交接，插接对于开口的精度要求更高。此外，由于波浪形杆件对 U 形逻辑下的多个杆件进行了合并，插接结构的整体性更好，能够更好地防止产品的结构形变。

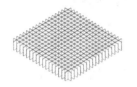   

图 3-29　瓦楞纸茶几使用界面插接方式的优化

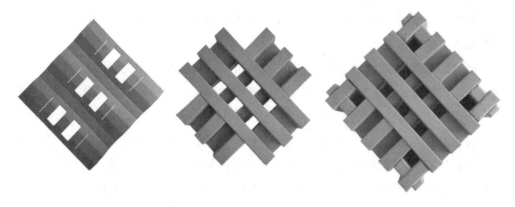

图 3-30　瓦楞纸波浪形构件展开图及其形成的茶几使用界面

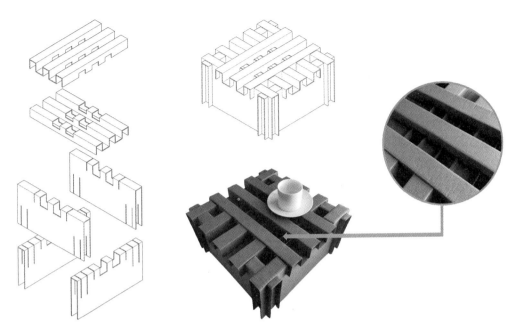

图3-31 瓦楞纸波浪形插接完成的中式茶几轴测图及细部

（2）数据检验与思辨——波浪形杆件插接的有限元分析

在中式茶几设计实验中，构件材料均为未经强化处理的普通瓦楞纸，旨在探索边压强度较小情况下，瓦楞纸杆件对传统木作榫卯的转译效果。如果在此条件下实验结果能够成立，则在使用强化处理后的瓦楞纸材料时，也能保障此类设计产品具有较好的坚固性和造型耐久度。此外，运用力学分析模型检验新型结构的性能，进一步提取重要的数据信息用于研判其属性优劣，对于达成形式、结构、功能之间的平衡，持续完善瓦楞纸杆件插接认知系统同样具有积极的意义。

力学实验分析所采用的软件为通用软件 Ansys，设定瓦楞纸材料参数弹性模量 $E=3.6\times10^7$，泊松比为 0.3。在 U 形杆件插接状态下，施加 100kg 载荷时，Mises 应力的最大应力发生在结构未交互部分，最大应力为 102.367kPa，最大位移矢量为 0.267mm，相比载荷只施加在交互部分的情况，最大应力是其 2 倍多，最大位移矢量是其 4 倍多，最大应力与体积比为 90.175×10^3（kPa/m³）。在波浪形杆件插接状态下，施加 100kg 载荷时，Mises 应力的最大应力发生在结构未交互部分，最大应力为 109.187kPa，最大位移矢量为 0.265mm，相比载荷只施加在交互部分，最大应力是其 3 倍左右，最大位移矢量是其 6 倍多，最大应力与体积比为 117.66×10^3（kPa/m³）（图3-32）。

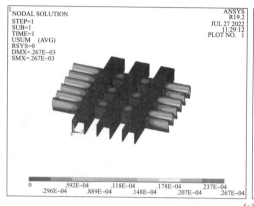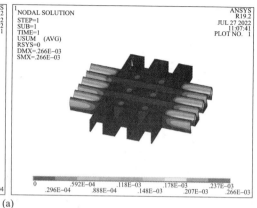

(a)

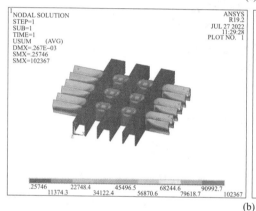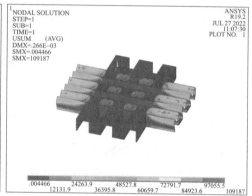

(b)

图 3-32 U 形插接与波浪形插接全面施加 100kg 载荷下

（a）Mises 应力云图；（b）位移矢量云图

从力学分析反馈的数据来看，未经强化的瓦楞纸材料在进行波浪形插接时，其节点处的承载力有所下降（表 3-2），另外，由于波浪形构件的整体性相较 U 形构件更好，其断面处的形变隐患要小于单纯的 U 形杆件插接。节点处强度的提升可以通过施加瓦楞纸大斗类预制构件进行强化，也可以使用经强化处理的瓦楞纸预制构件加以解决。在设计实践中，设计师可以将此类分析数据纳入瓦楞纸杆件插接认知系统表进行综合思考，根据具体任务需求选择或创新适宜的杆件插接形式。

表 3-2 U 形插接与波浪形插接应力数据比较表

名称	U 形插接	波浪形插接
体积（m³）	1.14×10^{-3}	9.29×10^{-4}
最大 Mises 应力（kPa）	全加载：102.367 中间加载：43.992	全加载：109.187 中间加载：37.249

名称	U 形插接	波浪形插接
最大应力与体积比（kPa/m³）	全加载：90.175×10^3 中间加载：38.7528×10^3	全加载：117.66×10^3 中间加载：40.14×10^3
最大变形（mm）	全加载：0.267 中间加载：0.0312	全加载：0.265 中间加载：0.0447
最大变形与体积比（m⁻²）	全加载：0.2342 中间加载：0.027368	全加载：0.2855 中间加载：0.04816

此次设计实验表明，瓦楞纸适宜作为传统营造工艺的转译和传承载体。通过转变对瓦楞纸的设计和使用策略，系统分析、归纳各类杆件插接特性，以设计实践持续完善并提升杆件化瓦楞纸设计产品的转译效果，有效简化了设计师在各类使用场景中对瓦楞纸插接类型的筛选过程，便于设计师在实践过程中不断孕育出有时代精神的本土化创新设计产品。此外，在互联网购物高度发达的今天，社会生活会产生大量闲置、废弃的瓦楞纸包装，对于这些材料的重新利用，本身也是对中国传统意匠中天地人和、就地取材观念的传承。广大民众爱好者能够通过这样一种共通的传统文化研学载体形成良性互动，一同探究中国传统技艺传承与发展的新途径。

通过对传统营造领域大、小木作内容的转译研究和思考，能够针对现代生活需求对相关领域设计的基本问题有更清晰的认识。有利于聚焦传统营造内容与现代生活潜在的共鸣与对话内容，为应用型高校相关课程的教学提供本土化的教学研究线索。

4

本土营造视角下的教学实践

当代社会环境与传统营造所处的时代已经有了显著的差异，在今天完全照搬古人的思维、复刻古人的成果无疑是不合时宜的。在专业教学领域应该探索传统营造在新历史时期的生长方式，让更多的青年愿意亲近并且喜爱中国传统营造文化，才能有利于当代本土营造教育建构起自己的底层逻辑。

应用型高校有着自己独特的学情，在办学理念、设施条件、学生素质、教师的教科研偏好等方面都与国内外研究型高校有显著差异。目前国内不少应用型高校倡导 OBE（Outcome Based Education）教育理念，并围绕成果导向机制进行广泛的教育教学改革。作为应用型高校，应该将培养高水平的应用型人才作为整个教学体系最终的成果导向，而"高水平"无疑应该体现在学生通过教学所获得的综合应用能力上。围绕这些目标导向，教师除了应该研究每门课程的应用型教学方法，还应探讨课程之间适宜的本土化教学线索。学生则应该在掌握技能的基础上培养自身的应用研究意识。尽管应用型高校与研究型高校有诸多差异，但无论何种办学层次，专业教学质量的提升始终需要师生双方在教学中的全情投入，需要师生凝心聚力向着一个共同的教学目标前进。作为教育者，必须持续思考到底用什么样的方式能够长久地激发师生在教学过程中的活力，以及设计怎样的内容和线索来保持教学研究的可持续性。

本章从课程群建设的角度探讨传统营造介入环境设计专业基础课、专业史论课、专业设计课程的具体方法，并探索将传统营造线索延伸到毕业设计环节的可行途径。在课程群教学活动设计方面，尝试以专题式的系列项目作为主线，发挥项目式教学递进逻辑清晰、综合性强的特点，用以调动师生双方的积极性，直至达成最终的目标。在本章内容中，笔者围绕北京联合大学环境设计专业设计方法、建筑史、家具设计、可持续设计等课程，探讨本土营造专题下多门课程的串联机制，并研判课程中递进式教学单元的串联成效，尝试把以往教学体系中孤立的、单项叠加式的课程进行有效整合，逐步形成有本土特色的课程群。

4.1 专业基础教学模型转译

人们经常说要从小培养学生的民族自豪感，坚定学生的文化自信，其实对于专业的学习也是如此。把中国优秀传统文化适时融入专业基础教学，能够从启蒙阶段帮助学生逐步建立起本土传承、转译的意识。同时，又要考虑到教学内容的新颖和有趣，以及教学管理制度的灵活性，只有这样才不会在启蒙阶段让学生产生依样画葫芦的惰性思维习惯。

前文已经提到，中国美术学院建筑艺术学院的教学非常关注本土营造文化的融入，其专业基础教学同样如此，师生有一学年的时间在各类基础课程中探讨本土营造内容，甚至在建筑学、环境设计等专业还会专门开设"渲染"这样陶冶情操的课程，让学生在潜移默化中慢慢地理解中国传统文化（图 4-1）。这对于很多应用型高校而言，是非常羡慕但又无法达成的事情。长期且关联紧密的单元式系列基础课，也是很多研究型院校共同采用的基础教学方略。应用型高校教学导向与研究型高校有显著不同，因此，必须将课程教学的效率提到一个非常重要的考量维度。以北京联合大学环境设计专业为例，其本科学制为四年，与五年制建筑学以及环境设计专

图 4-1 中国美术学院建筑艺术学院空间渲染课程作业

业相比，教学时间更为紧凑。以 2023 版培养方案为例，四年共 150 学分，其中全部专业课程共 29 门（含集中/分散实践课程），相关学分数降到 100 学分以下，较短的学制势必对单位时间内的教学效率有更高的要求，因此本土营造内容在相关课程中的组织和设计也都应紧凑而有效。

设计方法课程是北京联合大学环境设计专业基础阶段的核心课程，开设于第 3 学期，共 64 学时，持续 4 周，是一门定位于帮助学生理解建筑设计基本理论、掌握建筑设计基本方法的基础课程，可以对应其他专业院校的设计基础、空间基础、空间形体表达等课程（表 4-1）。尽管教学时间上非常紧凑，但是因为其基础课的属性，它的教学内容组织以及教学活动设计需要有趣，同时不能过于复杂，每个子单元的目标必须尽可能直观、易懂，并且能够有效地串联在一起，适当兼顾环境设计专业与建筑学专业的差异性。

表 4-1　专业基础核心课程（设计方法/设计初步）在不同院校的教学信息比较（2020 年）

类目名称	南京大学	中央美术学院	北京联合大学	北京城市学院
开课专业（学院/学部）	工学大类基础课	建筑学院大基础课	环境设计专业基础课	城建学部建筑类基础课
学制	4 年	5 年	4 年	4 年（第四年无在校课程）
开课年级	一年级	一年级、二年级	二年级	一年级
授课内容	分为感受认知、分析转化、创造设计三个阶段，每阶段各有 4 个模块	分为不同专题、不同尺度的系列单元，主要进行空间生成类内容教学	以空间建构、小型建筑设计内容为主，分为 3 至 4 个系列单元	以制图、空间形体表达内容为主，各单元进行分类式教学
课程学分/学时	设计基础课程含三个阶段共 4 学分	多阶段，128 学时，如计入小型建筑设计课程则学时更多	单一课程 64 学时	空间形体表达 1、空间形体表达 2，两门课程均为 75 学时
持续周数	15 周	16 周	4 周	15 周
每周学时	—	8 学时	16 学时	5 学时
开课班级（组）数	4 组左右，每组 20 人左右	10 组左右，每组 8～10 人左右	4 个教学班，每班约 25 人	4 个教学班，每班约 40 人
教室类型	专业教室	专业教室	专业教室	专业教室
教室面积	300m² 左右	500m² 左右	100m² 左右	100m² 左右
教室使用频率	各组同一教学时段内可实现共同使用	各组同一教学时段内可实现共同使用	同一教学时段内两班轮用	同一教学时段内两班轮用

续表

类目名称	南京大学	中央美术学院	北京联合大学	北京城市学院
常态任课教师数（不含助教）	4人左右	8人左右	4人	4人
常态学生数	工学大类选课约80人，其中未来建筑学专业30人左右	本科90人左右，其中建筑学专业50人左右，环境设计类专业40人左右	本科56人左右；专升本50人左右	本科105人左右

在进行本土转译教学改革之前，该课程的教学组织思路来源于"德州骑警"在欧美院校中执行的若干教案。他们把现代建筑的各个类型剖析给学生看，从而突破建筑的表面形态，挖掘出现代建筑内在的经典要素。现代建筑空间的透明性、结构要素、组织层级等设计策略被揭示出来（图4-2）。大师作品分析是其设计教学的一

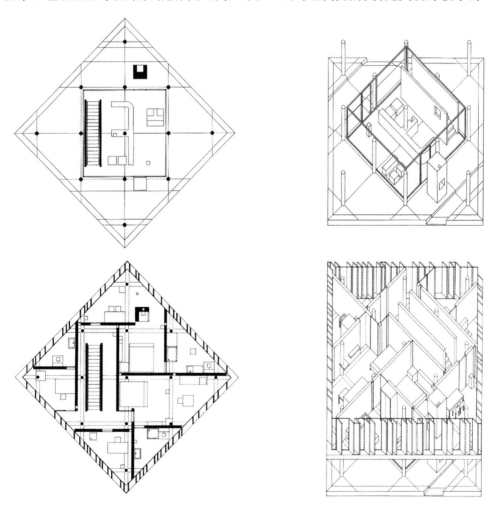

图4-2 海杜克（John Hejduk）的"钻石"空间训练

个重要环节，不少现代主义大师的经典建筑设计作品被当作原型做深入剖析。伯那德·赫斯利（Bernard Hoesli）为学员的分析练习设置了明确的主题，包括空间连续性、结构系统、平面、体积、视觉连续性、空间与结构的关联性，等等，这些专题训练往往各自暗含递进式的逻辑关系。通过系列式训练，学生不仅学会观察和抽象大师作品，而且可以在自己的设计中尝试运用这些分析成果。这些内容于20世纪80年代中期在顾大庆等学者的倡导和发展下，成为国内一些院校的专业基础课程内容，着重以逻辑分析和模型搭建等手段培养学生的空间思考及建构能力。通过这些教学活动的组织，将20世纪20年代以来范·杜斯伯格（Theo van Doesburg）的"时空构成"（Space-Time Construction）和勒·柯布西耶（Le Corbusier）的"多米诺"（domino）结构这两个现代建筑早期的重要图式（图4-3），进行了教学化的梳理，使现代建筑设计变得可教、可学。

 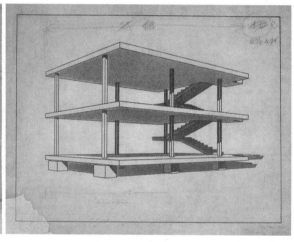

(a)　　　　　　　　　　　　　　　　　　(b)

图4-3　杜斯伯格的时空构成与柯布西耶的多米诺体系

（a）杜斯伯格的时空构成；（b）柯布西耶的多米诺体系

北京联合大学的设计方法课程自2016年开始，采用了类似德州骑警的教学计划。得益于各阶段较为明确且有关联的任务要求，课程教学活动也得到学生积极的反馈（图4-4）。相较构成类的专业基础课，该教学计划下的各阶段教学成果以递进式的逻辑呈现，且关联较为明确，能够让专业基础阶段的教学看起来更有效率。尽管这一教学模型能够较好地服务现代建筑与环境设计，但是其关注的教学内容均为西方语境下的产物，本土教育者身处新的历史时期应该在汲取国外经验的基础上，探索能够传承营造文化的专业基础教学模型，从而更好地为大众不断提升的文化品位和精神需求服务。

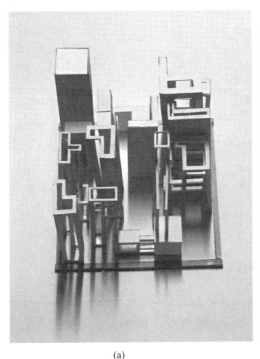 

（a） （b）

图 4-4 2017 年设计方法课程第一阶段作业

（a）李彦鹏制作；（b）田蕾制作

此外也应该看到，这类由德州骑警所倡导的空间基础训练方法，过于强调了对建筑空间抽象的精神意义的思考，强调设计理念在设计中的连续性，相对忽视针对实际任务的操作方法的训练，设计任务本应面对的很多具体工作被纯粹的学术理论探讨所替代。这会造成学生在面对具体的设计任务时，过分执着于设计内在的哲学逻辑意义，因而不能够深刻考虑项目本身的实际需求，以致影响设计方案的最后完成效果。由德州骑警教案产生的一系列欧美大师作品分析类课程，尽管能够帮助学生快速理解优秀的案例和操作方法，但也在很长一段时间内让中国的学子对西方建筑学产生了盲目的崇拜，对设计师的力量产生了盲目的自信，很多人甚至希望复刻大师的成长路径，间接造成了当代高校专业教学导向与社会需求难以匹配的问题。

4.1.1 德州骑警教案的本土化转译

自 2018 年起，笔者在本校设计方法课程教学中，有意将传统营造元素融入系列式教学活动，教学活动的组织方式借鉴实际设计项目的工作逻辑，逐渐形成"原型研究""原型衍生""场景介入"的专业基础课程教学新框架（图 4-5）。原本的建构类教学活动也被带有中国传统营造意象的"模数装置"系列活动所替代。除了在理念上引导学生关注《营造法式》中的模数化、装配式设计施工思想，也在结构做法和形式上引导学生思考传统营造在当代的表达方式。

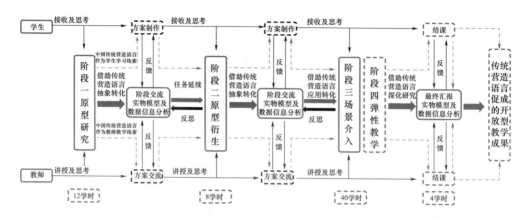

图 4-5　2018 年以后设计方法课程教学框架

由于该基础教学模型规划的是一整套递进式的系列活动，每一阶段教学活动均会对后续环节的学习和成绩评价产生影响。需要指出的是，教学模型只规定递进式的教学运行逻辑，而不强制执行某一具体的传统营造内容，这样就能够给予教学安排适当的自由度，每一轮次都应能够根据当年具体学情做个性化教学活动安排。例如 2019 年的教学采用三个递进式单元（以下简称 A、B、C 单元）进行：A 单元教学内容是选型的练习。通过图形分析的方式，快速将学生带入到环境设计专业空间营造的语境中；B 单元教学内容是"从抽象到抽象"的训练。通过具体的抽象目标载体将前一单元获得的图像有针对性地转化；C 单元通过一个具体的有使用场景的设计训练完成从抽象到具体应用的过程。三个单元都有意强调在现代语境下渗透中国传统营造文化，让学生的作业在时代精神下逐步产生中国的文化属性。比如在搭建空间过程中，有意引导学生关注模数制度以及榫卯交接在空间操作中的积极意义。

学生在 A 单元被要求在特定主题范围内选择一个自己感兴趣的抽象二维图形作为空间创意来源，该图形内容既可以是中国传统图案也可以是西方抽象绘画，并不对具体内容做统一要求。教学的重点在于如何将各不相同的创意来源结合每个学生的情况，发展为 B 单元各具特点的空间装置。与 A 单元重在快速进入教学状态的要求不同，从 B 单元开始，对于中国传统营造意象的引导逐步增强。此单元要求学生在 10cm×20cm×30cm 的模数空间框架内，将 A 单元筛选出的图像转化为两个具备所选图像特征的空间装置实体模型，由于现代建筑主要由板片、杆件、体块构成，教学设计也对建筑的当代性给予引导。第一个空间装置模型强制要求使用杆件要素，第二个空间装置模型只能使用板片要素。在 B 单元，学生在搭建实物模型过程中不允许使用如钉子、模型胶等刚性连接方式，逐步引导学生锻炼自身运用榫卯、卯卯等方式进行空间搭建的能力（图4-6）。在课程教学中有意引导、鼓励学生运用企口、榫卯等蕴含中国传统营造智慧的节点完成空间的营造，有利于培养学生对中国本土营造语言的亲切感。就像传统营造教育中学徒往往经过大量的"辨材""习艺"训练才能开悟一样，对于"杆件""榫卯"等本土营造原型内容，应该让学生尽早接触，持续加深学生对它们的认知，只有充分洞悉了原理，才能衍生出更多有当代意义的转译。

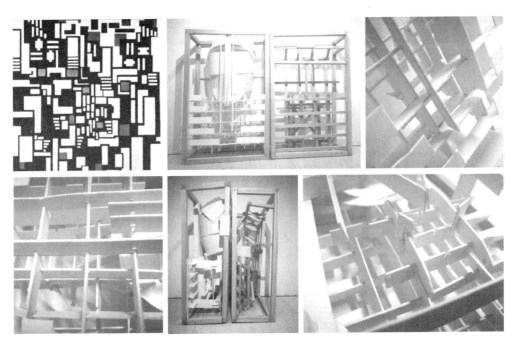

图4-6　B单元榫卯搭建的空间装置作业（赵姜辰制作）

两个空间装置作业因教学导向要求而在呈现出的结果上有内在的关联，作业的评价标准同样也有针对成果关联性以及运用传统营造语言适度性等方面的权重。从作业完成的情况看，初步表明了中国传统营造语言可以很好地表述现代空间设计，"德州骑警"的空间教学方式也可以被较好地本土化转译。

C单元的教学时间相对较长，其教学内容可以继续围绕主题进行多阶段设计。自2017年开始陆续尝试了几种不同教案，从2017、2018年30cm×30cm×30cm放大比例尺的同构空间装置，到2019、2020年的公共使用场景置入，每个教学案例实施时间基本在两轮左右，虽然每两轮的教学内容不尽相同，但递进式的教学活动逻辑被保留下来。希望借此不断强化学生的问题研究意识和主动学习能力。

从以往教学情况来看，C单元教学如果依托30cm×30cm×30cm的空间做装置衍生训练，能够让学生思考在更大的尺度上，传统营造的比例模数与功能的关系，以及"传统营造中的模数关系是否适宜在当代的任务场景中保留"这类问题。在具体任务要求中也分为两个阶段：第一阶段每位学生需要在指定空间尺度下，综合使用板片、框架元素完成与 B 单元建构逻辑一致的空间装置，并进一步关注 B 单元的模数关系，延续具有榫卯意象的节点做法；第二阶段则需要在前一阶段基础上满足坐、卧、倚、靠基本人类行为需求的空间装置模型，且采用的形式语言应与自己 A、B 单元有所关联，以此锻炼学生根据具体情况转译比例和模数的能力。但是由于此轮教学方案是由 A 单元"抽象"原型出发，B、C 单元也仍然在抽象空间中讨论形式和功能，缺少现实层面信息的刺激，学生思考过程较为吃力，对这样一种尺度的空间装置在实际场所应用的意义不够明确，很多时候只是在凭借所谓"感觉"在完成作业（图 4-7）。

(a)

(b)

图 4-7　2018 年设计方法课程 C 单元作业

（a）张宸制作；（b）周京淳制作

自 2019 年以后，C 单元内容更多围绕现实中的具体原型问题布置设计任务。在教学内容上实现与后续"家具设计""室内设计 1（住宅设计）"等课程内容的衔接。比如 2020 年针对后续"室内设计 1"课程设计了空间场景置入和别墅建筑设计活动，有意引导学生沿着前置 A、B 单元的思考路径完成 C 单元具有现代使用功能的小型建筑设计。在给定场地信息之后，引导学生对用地现状特征进行分析，之后根据别墅任务书的功能指标，引导学生在保留前一阶段空间装置特征的基础上调整模型空间尺度，使其产生中国传统园林的游走体验。在方案设计过程中，持续让学生关注空间在轴测、平面、剖面上的变化，寻找最适宜给定场地条件的方案，最终借助现代建筑设计方法实现有中国传统游走体验的别墅建筑（图 4-8）。该小型建筑方案能够被用于后续"室内设计一"课程中，进一步对户型格局、陈设布置做出细化设计，让教学保持连贯。

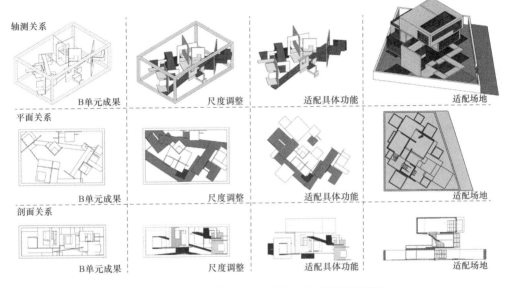

图 4-8　2020 年设计方法 C 单元作业（孙艺轩制作）

在这个轮次的系列教学中，学生对于从完全抽象的空间装置"演化"至具有一定功能的空间场景一直存在思考和实施上的困难，不少学生其实在 A、B 单元的工作成果很不错，但在 C 单元加入新的要求之后，开始变得茫然。这一现象反映出学生对于形态原型转译层面的问题解决较好，但是对空间中"人"带来的行为缺少足够关注。

解决这一问题较为直接有效的办法，是先引导学生在各自 A、B 单元成果中加入人的动线，包括同一高度的水平动线、高差平面之间的垂直动线。这些动线的组织需要参照规范以及人的行为习惯，可以表达为台阶、坡道或其他类型的垂直交通形态。有了这些空间路径之后，空间中有了人的痕迹，原本完全抽象的空间构成作品，变成了有一定潜在意义的空间装置。进一步将这些路径所链接的各个虚实体块进行梳理，对其高差关系、空间形态、所需功能进行串联思考，就能够获得与前一单元空间装置有高度关联的系列成果，并能为 C 单元小型别墅建筑的建筑体块、动线组织提供思路（图 4-9、图 4-10）。

在 2021、2022 年的 C 单元教学中，除了引导学生在空间形态方面进行递进式的思考，也在小型建筑设计的教学活动中，逐步强调结构柱网的意义，让学生从 B 单元开始关注模数化杆件在空间划分和结构支撑上的意义，并引导学生在 C 单元教学活动中，根据房屋建设需求适度沿用 B 单元形成的模数化柱网。在此过程中，通过与中国传统建筑柱网关系进行类比，师生一道探讨中国传统柱网对于现代建筑设计的积极意义。

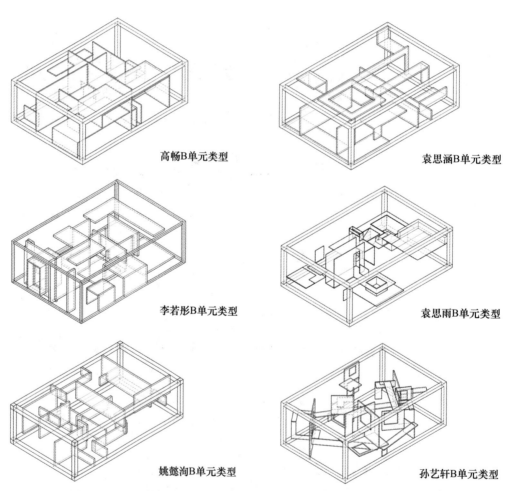

高畅B单元类型

袁思涵B单元类型

李若彤B单元类型

袁思雨B单元类型

姚懿洵B单元类型

孙艺轩B单元类型

图 4-9　2020 年设计方法课程 B 单元作业类型

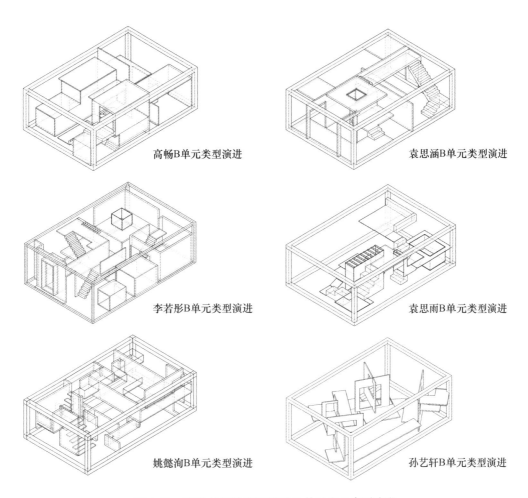

高畅B单元类型演进

袁思涵B单元类型演进

李若彤B单元类型演进

袁思雨B单元类型演进

姚懿洵B单元类型演进

孙艺轩B单元类型演进

图 4-10　2020 年设计方法课程 B 单元作业类型演进

4.1.2　本土模数制度的探索与转译

另一种本土化基础教学的思路相较上述中西结合的策略更为直接且激进，即完全从中国古代模数制度出发，在空间基础教学中引导学生创设一套与中国传统模数制有关联的现代"材分制度"模数，意在生成有本土特征的当代空间表达操作方法。

在上篇中，我们已经明晰了中国古代两种主要的营造模数制度，材分制和斗口制对于传统营造的巨大影响。在专业基础阶段引导学生对模数制度进行深入思考，对于学生建构本土设计思维无疑是有利的。如果要在专业基础教学阶段与传统模数制度建立积极的关联，直接的思路是将宋式或清式的模数制度通过现代的材料与技术进行转译。围绕这一思路，在设计方法 A 单元教学中，要求学生关注材分制度每一等材的广厚比例关系，以及斗口制度的用材比例关系。在明确两种比例后，分别完成对应的二维图像作业，该图像只体现学生自己对于材分制或斗口制的抽象理解，并不涉及具体的形象指代。因此在这一阶段，学生可以在客观分析营造模数的基础上，有自己主观的衍生变化。模数制度的意识也可以逐渐被学生内化到后续教学环节的设计思维中，从专业学习的初始阶段，就开始积极应对材料、构造以及随之而来的材料的成本、构造的适配度等专业问题。

B单元要求每位学生在自己A单元抽象图形中，选取一张抽象绘画并提取该图像暗含的比例，在10cm×20cm×30cm空间范围中完成两个模数空间装置的设计，其中一个必须使用板片要素，另一个则必须使用杆件要素。在操作过程中同样要求学生不要过多关注具体的形象指代，而是引导其关注模数空间本身的建构要素，并想象不同比例尺下，这一空间装置可能与人类行为产生的关联。这种引导也来自对德州骑警系列教案的反思。由于德州骑警们面对的是建筑学专业的学生，在空间装置模型完成后，往往会引导学生将模型直接带入1:25至1:50的比例尺中进行思考，换算之后让实物模型指代某类建筑空间的尺度。环境设计专业的学生未来的工作场景并不仅限于建筑空间之内，在一些家具、陈设甚至文创工艺产品的尺度上，该专业学生都可以有所涉足。因此对B单元实物模型的想象甚至可以在1:1、1:2的比例尺下进行，帮助学生感受传统的营造模数在当代陈设、文创衍生领域的应用潜力（图4-11）。

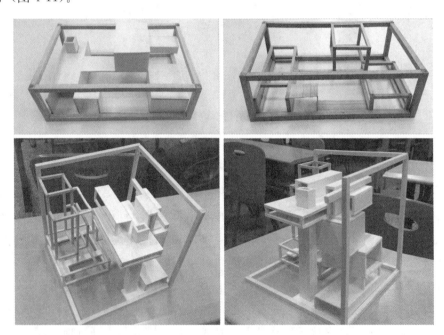

图4-11　杆件与板片要素对营造模数关系的诠释（张乐维制作）

C单元的教学活动围绕A、B单元已有成果进行组织。要求在30cm×30cm×30cm基础上进一步完成模数空间装置模型，并思考板片和杆件要素在实际项目中的实现方式。在此过程中，学生能够体会传统模数制度应对现代材料和现代工程时可能面临的问题，以及可行的转译方式。在 C 单元的教学中，学生们必须深入研究现代主流杆件材料的特征，并结合其规格，按模数逻辑进行新的交接，在这个阶段，现代杆件材料势必会与传统杆件材料的构造做法以及原型模数产生矛盾，某些部位的结构、构造形式和相应的模数制度也很可能发生改变。从宏观角度上看，这也恰好反映出传统营造在面对现代使用需求时所面临的问题，如果可以正视这些问题，并妥善给予回应，那中国本土营造才有可能保有活力地传承下去。

4.1.3　可持续表达的空间装置

由上篇内容可知，建筑形态的可持续表达是中国传统营造的常见操作之一，这种可持续表达又十分依赖杆件体系的拓扑变化。针对这一传统营造原型特征，在专业基础教学中也开展抽象空间装置的杆件要素的增加与减少练习。

"杆件、板片要素的增加与减少"拓扑表达练习，可以视为原主线 A、B 单元内容的延展，可在原始空间装置上进行并使用软件将其过程记录下来。该系列教学活动可分为两个子活动，一个活动要求学生在已有 10cm×20cm×30cm 空间装置的基础上，运用相同比例关系，持续增加杆件或板片用以细分抽象空间，直至出现 10 种比例关系相同但尺度不同的空间；另一个则在相同空间基础上按照比例关系持续减少某一相同方向上的支撑杆件或板片，直至该方向杆件无法支撑其上部的空间形态。

除了在教学活动的内容上，通过主题空间装置衍生来强化学生对可持续形态表达方式的认识，作为教学中的另一个重要角色，教师也通过多轮次的教学内容建立可持续的设计方法课程教学计划。

在应用型高校有限的学时条件下，针对每年不同的学情适时更新转换教学计划是非常必要的。这种转换不应每轮次都采取全新的教学内容和教学活动，而是应该坚持相对稳定的本土思辨教学线索。在稳定的线索下，48、64 学时的课程可以存在多种可持续组合的内容和方式。假设 C 单元的教学相对稳定，则 A、B 单元的教学内容可以存在 5 种基本组合方式，也可以根据需要，对每轮次 A、B 单元具体的教学内容和活动形式做出变更，能够衍生出 10 种以上的不同组合方式。通过量表信息可以进一步研判各型组合方式的教学效率和学生感受情况，针对具体学情、教情的变化适时调整（表 4-2）。

设计方法课程在环境设计专业课程体系中承担专业启蒙的责任，从认知规律的角度，不应过于看重学生在该课程中是否已经获得本土转译能力，而应该在多样的教学活动激励下，激发学生研究本土原型对象的热情，将更多精力投入对各类经典原型的深入解读上，为后续课程学习打下坚实基础。

表 4-2　5 种教学单元内容的基本组合方式

序号	A 单元教学内容	B 单元教学内容	学生提交内容	教学耗时（课上）	学生感受	组合效率
1	以具体对象为依托，针对该对象需完成客观素描、分型提取、抽象几何三阶段共三张绘画作品	在前一单元抽象绘画基础上，以板片、杆件、综合逻辑在 10cm×20cm×30cm 空间范围内，各制作一个实物装置模型和 sketchup 模型	A 单元：画作 3 张　B 单元：3 个实物模型和 3 个电子模型	A 单元：12 学时　B 单元：16 学时	A 单元：较轻松、较愉悦　B 单元：较迷茫、较疲劳	低
2	根据给定抽象二维主题，以板片、杆件、综合逻辑在 10cm×20cm×30cm 空间范围内，各制作一个实物装置模型和 sketchup 模型	在前一单元成果特征基础上，综合运用板片、杆件、体块要素在 30cm×30cm×30cm 制作一个实物装置模型和一个 sketch-up 模型	A 单元：3 个实物模型和 3 个电子模型　B 单元：1 个实物模型和 1 个电子模型	A 单元：16 学时　B 单元：12 学时	A 单元：较明确、较疲劳　B 单元：较迷茫、较疲劳	中
3	根据给定抽象二维主题，以板片、杆件逻辑在 10cm×20cm×30cm 空间范围内，各制作一个实物模型和 sketchup 模型	在前一单元成果特征基础上，在 10cm×20cm×30cm 空间范围内完成基本"坐卧倚靠"功能的置入，各制作一个实物装置模型和 sketchup 模型	A 单元：2 个实物模型和 2 个电子模型　B 单元：1 个实物模型和 1 个电子模型	A 单元：12 学时　B 单元：8 学时	A 单元：较明确、较轻松　B 单元：较明确、较愉悦	高
4	根据给定情绪、故事等主题，以板片、杆件逻辑在 10cm×20cm×30cm 空间范围内，各制作一个实物装置模型和 sketchup 模型	在前一单元成果特征基础上，在 30cm×30cm×30cm 空间范围内，完成有叙事意义的实物装置模型和 sketchup 模型	A 单元：2 个实物模型和 2 个电子模型　B 单元：1 个实物模型和 1 个电子模型	A 单元：12 学时　B 单元：12 学时	A 单元：较迷茫、较轻松　B 单元：较迷茫、较愉悦	中
5	参考材分制、斗口制的模数关系，分别完成对应的抽象二维图形	在前一单元成果基础上，提取其中一张绘画暗含的比例，在 10cm×20cm×30cm 空间范围内，分别运用杆件和板片要素制作特定传统营造模数的空间装置，完成实物装置模型和 sketch-up 模型	A 单元：2 张抽象绘画　B 单元：2 个实物模型和 2 个电子模型	A 单元：4 学时　B 单元：12 学时	A 单元：较迷茫、较轻松　B 单元：较明确、较愉悦	高

4.2　本土营造视角下的建筑史课程教学

　　长久以来，建筑史论类课程一直是建筑学、环境设计、历史建筑保护工程等专业的必修课程，师生往往会把这类课程等同于专业领域的历史课。诚然这类课程有历史和理论的属性，但是我们不妨设想一下，本土营造历史中的经典案例所蕴含的设计思想和操作方法，如果能够在建筑史课程中与当代的设计实践场景产生广泛的关联，该是多么有趣的事情。

在建筑学专业课程体系中，该类课程多以外国建筑史、中国建筑史等名称出现，环境设计专业则大多以专业史这一课程名称出现。按照"普通高等学校本科专业类教学质量国家标准"的规定，专业史多为 48 学时，外国建筑史（以下简称外建史）多为 64 学时，中国建筑史（以下简称中建史）多为 48 学时，这些课程多开设于第 3 至第 5 学期。从以往经验来看，应用型高校的建筑史论教学效果一直不甚理想，教师和学生大都认为这类课程没有实际的用处，因此对课程的积极性普遍不高。少数对此类课程热情较高的教师在教学中沉醉于自己的单向输出，学生尽管在课上如听故事一般津津有味，但由于缺少必要的参与和体验，课程结束后，这些知识无法内化，难以形成自身的设计转译能力。另外，此类课程在培养方案中所占比重并不小。如果加上与历史、理论关联极强的设计概论、建筑批评等课程，这类史论内容所占学时超过 200 学时。如此大的课程体量如果没有发挥应有的作用，对于应用型高校专业教学质量的提升，对课程特色的形成都是极为不利的。因此，在 2017 年以后，北京联合大学环境设计专业的建筑史课程依托对从业人员需求的调研反馈信息，对教学目标、教学导向和教学设计都做了相应的调整，以适应新时期应用型高校对本土高水平应用型人才的培养需求。这一过程采取两步走的方式，首先通过三轮教学，将建筑史论内容融入体验式教学活动，让学生逐步转变史论无趣且无用的印象，第二阶段则于 2020 年开始，立足本土语境探寻建筑与环境设计领域"古为今用，洋为中用"的途径。比如，在外建史中增加类型学对中国本土影响的思辨内容的比例，在中建史则围绕中国古代营造原型案例，以更多的参与式教学内容辅助本土营造的转译研究。在此期间，充分运用自建学堂在线慕课资源，将大量记忆型知识放到线上，通过翻转课堂的方式，师生一道对若干原型做实物操作研究，帮助学生明晰中国传统营造的原理，并逐步形成本土特色课程群统一的理论基础。

4.2.1　本土建筑史论应用型教学模型建构

应用型人才培养的关键在于让学生获得扎实的专业能力和突出的实践应用能力。如果以当下流行的 OBE 教学理念审视的话，让学生获得史论知识的应用能力应该作为建筑史论类课程的核心导向。传统教学方式反映出建筑史论教育在成果导向、教学内容、教学活动、考核评价方面与高水平应用能力培养目标存在错位，对社会亟须的各类史论应用能力在认知上存在偏差。因此，从社会需求出发，建构适宜的建筑史课程教学模型就显得非常必要。

4.2.1.1 能力需求溯源

针对传统教学中，建筑史论应用能力培养目标不明的痛点，通过发放"应用型高校本科史论应用能力培养体系建构"问卷，深入分析、研判本地区社会需求。调研期间，共向北京及周边地区的从业者发放问卷 150 份，回收 134 份，有效样本职业覆盖设计师、教育科研人员、设计管理者、设计创业者四种相关专业毕业生目前主要的从业方向。尝试通过数据分析，从根源上厘清当前社会职业领域对本科毕业生史论知识应用能力的诉求，进而解决建筑史论课程教学中应用属性不强的问题。

从统计数据可知：案例解析、场景应用、经典还原、经典转译、工艺传承、设计批评、时空判断、规律梳理、学科交叉、学术研究十种能力最受从业者关注，其中"案例解析"能力得票数最多，"学术研究"能力得票数最少（图 4-12）。

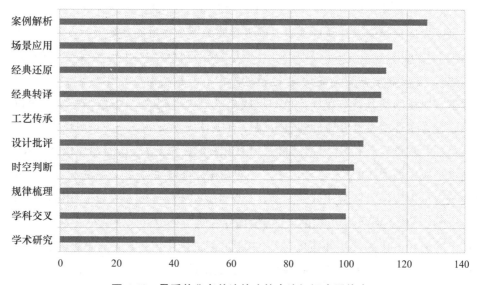

图 4-12　最受从业者关注的建筑史论知识应用能力

4.2.1.2 史论应用核心能力教学化梳理

在 134 位有效参与者中，共有设计师 65 人、教育科研人员 34 人、设计管理者 12 人、创业开发者 23 人，每位受访者可以选择最少一项、最多三项自己认为最应得到培养的史论应用能力，将四类职业关注能力的投票数折算为百分数（a_1、a_2、a_3、a_4），可以得到不同职业最为关注的史论知识应用能力分布雷达图。进一步叠加四类职业所关注的能力分布区间后，可以发现从业者在对待某些核心能力上有较为一致的态度，其中"案例解析""场景应用""经典还原""工艺传承""设计批评""学科交叉"六项应用能力受到四类不同职业的普遍重视，而"学术研究"能力只有在教育科研群体中较受青睐。"经典转译"能力在设计管理者群体中较为边缘，但在其他三类职业中却获得了极高认同（图 4-13）。

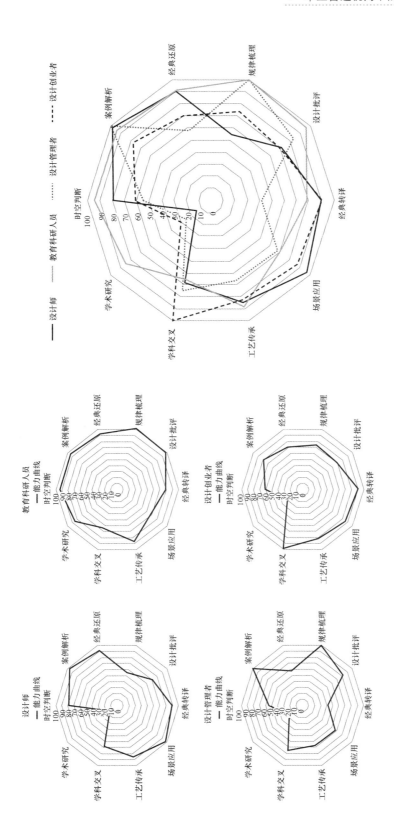

图4-13 四种从业者对史论应用能力的培养价值判定情况

通过此次问卷调研，能够明晰当前社会从业人员最为关注的史论应用能力。有助于课程细化应用能力培养指标，有针对性地组织教学内容和活动。但是这些内容在教学中孰先孰后、孰重孰轻？还需要进一步研判。依据认知规律，可以将十种史论应用能力按对应目标、应用方向、平均关注指数、认知难度进行教学化梳理，用以在教学创新过程中将核心能力分步骤、分层次进行培养。其中，平均关注指数计算公式为：$x = \dfrac{a_1 + a_2 + a_3 + a_4}{4}$。通过研判与梳理，结合该能力受关注普遍程度，可以明晰各项应用能力在课程中的培养顺位（表4-3）。

表4-3 建筑史论应用能力对应目标内容与分层次培养的关系

能力名称	对应目标	应用方向	平均关注指数	认知难度层次	教学培养顺位
时空判断	"搞清是什么"（类型）	对经典建筑做出区位、历史时期、名称的判断	72.25	基础应用	低
案例解析	"搞清是什么"（个体）	对经典建筑个案的特征与设计方法做出深入解读	92.5	基础应用	高
经典还原	"搞清是什么"（个体）"厘清为什么"（个体）	对经典建筑个案进行有条件的实物或虚拟复原	77.5	基础应用	中
规律梳理	"厘清为什么"（整体）	对给定建筑类型的设计、实施方法进行梳理、归纳	82.25	进阶应用	高
设计批评	"做得好不好"（个体、类型、整体）	对建筑单体、建筑类型、城乡环境等内容进行综合评价	80.25	进阶应用	高
经典转译	"是否可演绎""如何做演绎"	结合设定条件，对某一建筑类型的设计、实施方法进行主观演绎	74.25	进阶应用	高
场景应用	"是否可演绎""在哪应用演绎"	结合设定条件，对某一建筑类型的设计、实施方法进行客观演绎	80	高阶应用	高
工艺传承	"传统技艺如何活化"	思考本土传统技艺在当代的传承和演绎方法	80.75	高阶应用	高
学科交叉	"有哪些潜在的学科交叉复合应用领域"	特定教学内容与其他学科的跨学科、交叉学科合作途径	77.25	高阶应用	中
学术研究	"如何进行科学研究与专业写作"	对史论知识进行综合梳理并掌握本专业学术研究方法	38.5	高阶应用	低

4.2.1.3　应用能力培养体系建构

由图 4-12 可知，"案例解析"等八项应用能力的重要性受到从业者更为普遍的认同，因此在课程内容设置和教学活动组织上，应该围绕更具普适意义的八项核心应用能力做有针对性的教学设计。北京地区应用型高校应在线上充分利用自主建设的慕课资源和自研虚拟仿真教学平台辅助教学；在线下充分依托北京地区丰富的历史建筑资源以及相关企事业单位，进行古建筑营造实验，积累工程操作经验，逐步形成多方联合的建筑史论课程教学创新架构，通过前、中、后紧密关联的教学活动和评价体系，在建筑史论教学中形成递进式的应用能力培养链条，持续深化对建筑史论应用能力的迭代式培养（图 4-14）。

（1）课前异步联合教学＋前测

课前异步教学强调多方联合参与。除了要求学生完成自建慕课资源的异步预习，教师也会联合社会力量积极介入教学。为避免慕课教学变成单向输出的讲座，教师针对不同的应用成果产出要求，在学堂在线和自研虚拟教学平台创建应用场景进行任务的导入，促使学生带着具体问题进行线上学习。此外，教师与实践导师在线上虚拟仿真平台、线下智慧教室、校外实践基地异步筹备各项实践操作活动。通过微信群异步解答学生疑问、向学生介绍建筑史论课程多方联合教学方式以及面向应用能力培养的体验式教学内容，激发学生的求知欲和学习兴趣。通过慕课随机组题系统以及虚拟仿真平台的空间探索任务进行教学活动的前测，检验课前预习效果。

（2）课中同步联合教学＋中测

后疫情时代线下教学重新回归并占据重要位置，应该更多思考智慧教学背景下的教学内容和应用方式。课中阶段各方在线下开展同步教学，并将测试安排在各类教学活动中。得益于自建慕课资源以及虚拟仿真教学平台的使用，学生对记忆型知识的学习被前置于正式开课之前，课中部分不再使用传统教学中的编年体讲授方式，而是重点围绕应用能力培养展开专题串讲。八项史论知识应用能力按认知规律分为基础、进阶、高阶三个层次，为避免能力培养过程变成枯燥的重复技能练习，在课中教学阶段设计递进式教学活动，并将培养顺位较高的核心能力作为主要线索，形成系列化教学活动。教学中按不同层次能力目标逐步递进能力指标要求，在各系列活动中组织课中测试，中测成绩折算一定权重带入后一阶段学习，能够给予课程教学一定的连贯性，有利于督促和激发学生沿特定学习线索自主研学的潜能。

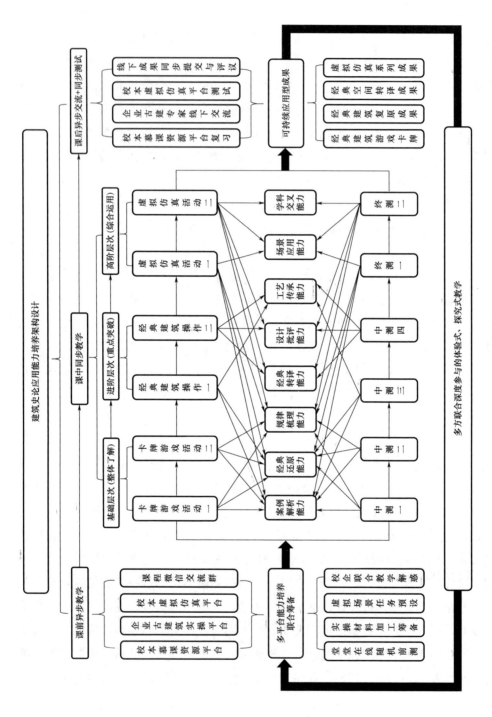

图4-14 面向应用能力培养的建筑史论课程教学模型

（3）课后异步交流＋同步测试

在课后教学环节倡导同步、异步结合的教学方式。鼓励学生利用碎片时间在虚拟仿真教学平台进行自发的异步学习拓展，在教学平台上总结、发布自己遇到的问题和学习心得，由于教学数据均能在教学平台追溯和留存，教师可以进行异步解答，也可以在虚拟仿真教学平台上加入学生的某项任务，与学生同步在虚拟仿真场景中解决问题。此外，课程也与教学实践基地的设计师、匠人师傅保持紧密联系，在最终结课测评时邀请这些全程参与教学的校外导师同步加入到最终成果评审环节，对学生学习过程做全面评价。相较传统教学获得的论文、考卷等成果，创新后的建筑史论课程教学可以形成多类型、多系列应用型教学成果，在丰富教学成果的同时也可作为下一轮教学的能力培养载体内容，不断迭代，进而持续增强课程应用属性。

以中建史课程为例，在教学计划更新后，2022 年的教学共设三个系列教学活动。分别为"卡牌游戏活动""经典建筑操作活动""虚拟仿真操作活动"。每个系列活动均包含至少两个呈递进关系的子活动。卡牌游戏活动主要培养"案例解析""经典还原""规律梳理"能力，经典建筑操作活动的能力培养目标有所提升，增加"经典转译""设计批评""工艺传承"三项能力的培养。虚拟仿真系列活动放在最后，引导学生对所学知识做综合应用，并结合任务场景对八项史论应用能力进行强化锻炼。

4.2.2 系列活动一：卡牌游戏

建筑史论课程庞杂的知识内容对于师生双方都存在教学上的困难，在传统的单向输出课堂上，很多时候尽管教师讲得很辛苦，但是学生接收的效果却不好。在这种情况下，不妨改变教学活动的组织策略，围绕史论知识图谱，让学生发挥主观能动性，设计一种适宜自己特质的学习规则。当代的年轻人有很多线上、线下的娱乐载体，很多载体运行的逻辑和操作方法对于激发学生的研学潜能、增强学习黏度有积极的参考作用。教师应该设计适宜的教学活动，引导学生建立自己对于建筑史论研学的游戏规则。

4.2.2.1 个人卡牌作业

自 2022 年开始，建筑史教学将卡牌游戏作为课程大作业之一，围绕"案例解析""经典还原""规律梳理"等应用能力培养，要求学生首先完成一套规则自洽的中国古建筑卡牌作业（图 4-15），卡牌数量不少于 30 张。由于学生在课前、课后环节，均可使用学堂在线校本慕课《建筑设计史》资源自主学习，教学效率得到了较大提升。相比以往教师单向输出的知识讲授，学生吸收知识的时间变得更自由，途径也更丰富。在卡牌活动中，同样希望延续自主、自由的学习路径，并不强制学生必须使用某种单一规则，而是鼓励学生自主设计游戏规则，但每张牌面必须体现必要的史论知识信息，并且不能仅以简单的扑克牌比大小的逻辑进行组织。由于建筑史知识内容成为卡牌设计的考核指标，促使学生主动思考课上所学知识如何带入具体的使用场景，并且还要让知识所形成的游戏规则合理、有趣，符合当代社会生活的需求。

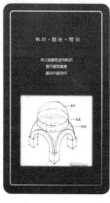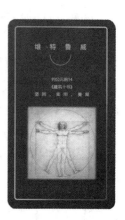

图 4-15　个人卡牌作业（赵子琦制作）

4.2.2.2　小组卡牌游戏

在个人完成卡牌的设计之后，往往可以形成较好的牌面视觉效果。在学生自己看来，或许其设计的卡牌不但成功解读了建筑史论知识，还具有极好的可玩性，但事实真的如此吗？显然必须对每位学生的个人作业进行较为全面的检验，才能获得客观的评价。卡牌游戏的第二阶段，首先要求学生以小组为单位，分别将组员设计的卡牌各进行一轮游戏，组员人数可根据学生卡牌游戏规则自行设定，但不能少于3人（图4-16）。在全部进行完之后，以投票方式选出组内知识解读最好、规则最合理、可玩性最高的一副卡牌。此后，在教师的共同参与下，针对此副牌做二次设计优化，最终提交的卡牌在史论知识转化质量和游戏可玩性上均较学生个人作业有所提升（图4-17）。例如：某一牌面内容为佛光寺东大殿西立面，牌面规则包含普通技能：己方所有佛教木构建筑卡牌回复3点生命，对方所有佛教木构建筑类卡牌受到伤害加3，对方必须放弃所持含有偷心造做法建筑卡牌的普通技能；特殊技能：亚洲之光，缴械对方所有日本和样建筑卡牌。在此卡牌中融入了佛教建筑、木构做法、历史时期、地域风格和中日学界争论等多个知识信息，通过设计卡牌进一步强化学生对经典建筑个案的印象，增强学生对建筑设计演化规律的梳理能力，有助于进阶能力的衔接和培养。整个卡牌游戏阶段最终提交26份个人作业和8份优化后的小组作业。

图 4-16 卡牌游戏第二阶段：小组活动（安美瑾等制作）

图 4-17 优化后的建筑史游戏卡牌（岳俊峰制作）

这一活动由于将作业的自由度提到了很高的境地，学生能够感受到自己是学习活动中的主角。相较以往的单向输出型教学，明显感受到学生在作业环节提问的次数更多了，师生互动的频率在逐渐提升。

4.2.3 系列活动二：经典建筑操作

中国古代有非常多的经典建筑，尽管很多建筑并未留下建造者的姓名，但是其意义绝不亚于西方教学语境中的"大师作品"。在应用型高校的专业教学中，这些中国本土的传统经典应该受到更多关注。应该在教学中结合经典建筑形象、经典细部构造进行从原型到类型的转译研学，充分挖掘这些内容在当代的意义。经典建筑操作系列活动可分为经典还原和经典转译两个子阶段。研学的顺序采取从小到大的递进逻辑，先将被视为经典构造做法代表的斗栱进行充分研究，再将研究的原型对象适度扩大到整个杆件屋架系统，帮助学生建立较为全面的传统建筑结构印象。

4.2.3.1 斗栱操作

斗栱，清代称斗科，宋代称铺作，是中国传统建筑中结构最为复杂、造型最为独特的构件。如果能够帮助学生明晰这一独特构造的内在原理和运行规律，对于理解和运用传统营造工法有非常积极的意义。斗栱构件榫卯技术十分精妙，对它的研究，不应只拘泥于其造型效果，而是应该通过大量的操作体验，对其构造逻辑及受力方式进行分析和研究，在切身体验的过程中深入理解斗栱的原理，并在此基础上做出时代转译。

目前，我国已知带有斗栱意象的早期实物是战国时期中山王墓出土的四龙四凤方案，案几的支架上出现了一斗二升的斗栱雏形（图 4-18）。自汉代以来，斗栱多见于陵墓、汉阙、明器、壁画与实物中。经过千余年的发展衍化，其外形及体量有诸多变化，但其构造逻辑并未有大的改变，常通过层层铺作的形式逐渐出挑，这与现代的双向悬臂梁形态相似。历代营造类典籍如宋代《营造法式》及清工部《工程做法则例》都对斗栱的做法、尺寸、名称作出详细规定，足以表明斗栱在传统营造领域的重要地位。斗栱构件在早期常以"叠涩"般的做法在内、外两个方向层层外

一斗二升　　　　　　　　　　　　　　　　一斗二升

图 4-18　四龙四凤方案上的一斗二升形象

挑，将承托面积由柱头面积扩大至数倍，增加了承托面积和结构稳定性，而在后续发展过程中，又出现各类斜栱，使这一特殊构件能够实现多个方向的悬挑。

在不同历史时期，出现过不少形态各异的斗栱做法，由于教学时间的限制，在课堂上不能也不应将各个时期的斗栱进行面面俱到的解读。在斗栱原型研究的阶段，只有4学时左右的时间用于组织教学活动，其中还要预留至少2学时学生进行操作活动的时间。因此必须通过教学设计，以较高的效率帮助学生实现该阶段的教学目标（表4-4）。

表 4-4　斗栱操作专题经典还原阶段的常态教学安排

序号	教学目标	教学重点	教学难点	教学活动组织	教学耗时
1	明确斗栱的形象与定义	斗栱的定义	—	 【前置问题】 1. 上图建筑的名称是什么？ 2. 设计师是谁？ 3. 建筑材料是什么？ 4. 它的灵感来源是什么？ 【延伸问题】 中国馆的构造做法和图上中国古建檐下空间的构造做法有何异同？ （通过引入话题，写下板书：清式斗栱。 一、定义；二、作用）	2min
2	理解斗栱的作用与原理	各历史时期斗栱的作用	1. 清式斗栱的作用 2. 清式斗口模数制度	【作用1】承托屋檐 通过带斗栱和不带斗栱的模型对比可知，斗栱可以有效增加出檐距离 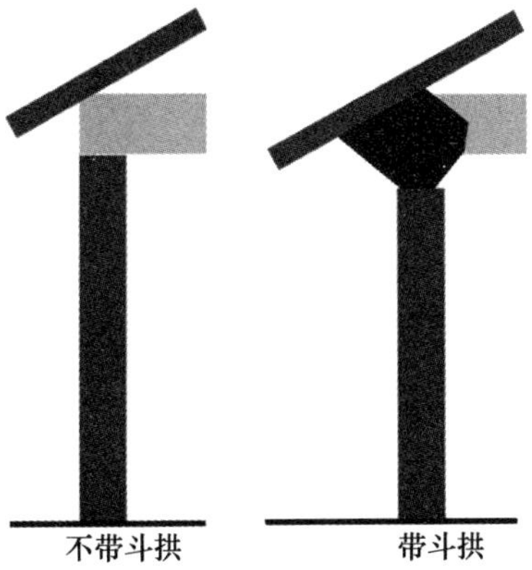 不带斗拱　　带斗拱	10min

续表

序号	教学目标	教学重点	教学难点	教学活动组织	教学耗时
2	理解斗栱的作用与原理	各历史时期斗栱的作用	1. 清式斗栱的作用 2. 清式斗口模数制度	斗栱的中间固定、两端自由，其本质是悬臂梁，所以历代斗栱均呈倒三角形。 悬臂梁　　清代 宋代　　唐代 在得出结论后再抛出问题：中国传统建筑有没有必要出檐深远呢？为什么需要呢？ 【作用2】清代大式建筑的模数单元 斗口：平身科坐斗在面阔方向的开口。 攒当：斗栱中线至中线的距离。 1攒当=11斗口 开间面阔=攒当数×11斗口 根据这几个基本数据，引导学生现场练习，数出给定建筑的面阔是多少斗口。 【作用3】抗震阻尼 播放关于故宫建筑地震测试的视频，引出讨论。斗栱是多种零件插接组成，地震时各零件相互错动，可以消解大部分的地震能量。并由此引出"斗栱的结构"内容	
3	熟悉斗栱基本构件	1. 清式斗栱不同位置构件名称 2. 斗栱构件组合方式特征	1. 斗栱构件名称类比分析 2. 清式斗栱拆解、还原。	（写板书：三、结构） （1）构造方式：榫卯、卯卯 榫卯对应凹凸，卯卯对应凹凹，探讨这两种方式的交接角度、交接高度、使用位置的不同。 （2）构造名称 按照从下到上的顺序逐次介绍各构件名称，并与已学的宋式构件名称作为对比： ④栱+蚂蚱头 ③栱+昂+升 ②栱+翘+升 ① 坐斗 【实践练习1】 以小组为单位，利用下发的斗栱模型练习拆解、辨识构件名称，并重新拼装模型	10min

序号	教学目标	教学重点	教学难点	教学活动组织	教学耗时
3	熟悉斗栱基本构件	1. 清式斗栱不同位置构件名称 2. 斗栱构件组合方式特征	1. 斗栱构件名称类比分析 2. 清式斗栱拆解、还原。	每小组2人，根据刚才所学知识，将下发的模型拆解、辨识、并进行拼装 	
4	掌握斗栱构成规律	熟悉斗栱各构件咬合的方式	清式斗栱的构成规律及背后的原因	（写板书：四、规律） 仔细观察斗栱的各构件，根据拼装感受总结斗栱构件的规律。 （1）层层铺作 "一层斗，一层栱" （2）横纵相交 斗栱主体结构多为卯卯相交，每一层的铺作中，又细分为横向构件和纵向构件两种。 对卯卯交接进一步提出问题：卯口朝下的构件是纵向还是横向？进一步简化成实验提出问题供选择：同一个构件的卯口朝上结实还是卯口朝下结实，还是同样结实？ 【实践练习2】 先以卯口朝下的方式不断加砝码，注意观察横向构件的稳定程度。再用同样的构件以卯口朝上的方式加砝码，注意观察横向构件的稳固程度。 解读实验结果：卯口朝下构件远比卯口朝上构件的承载力更强。 鼓励学生通过体验和分析得出结论，根据上述结论再观察斗栱构件，看是否符合预期	15min

续表

序号	教学目标	教学重点	教学难点	教学活动组织	教学耗时
4	掌握斗栱构成规律	熟悉斗栱各构件咬合的方式	清式斗栱的构成规律及背后的原因	（3）预制装配 斗栱的每个构件都有名称，这次课只学习大类名称，下次课学习细分名称。 讲述斗栱在实际建造过程中的模式。表明预制装配的优越性、科学性。 【实践练习3】 以小组为单位，重新拆解拼装模型，体会纵向构件卯口朝下的规律	
5	理解斗栱变化趋势	清式斗栱较前代发生的变化	1. 不同时期斗栱形态的不同特征 2. 根据斗栱形制判断建筑年代	（写板书：五、趋势） 斗栱作为屋架结构中的重要一环，千百年来一直在发展衍化。呈现几个大的趋势： （1）斗栱体量趋小 根据对同比例尺的唐代、宋代、清代斗栱的对比可知，斗栱体量显著变小。 唐代-佛光寺东大殿　宋代-少林寺初祖庵　清代-故宫文渊阁 回应刚上课时的话题，因为明代起烧砖的普遍使用，使得屋身防水性变好、屋顶出挑要求降低，因而斗栱体量变小是客观需求的结果。 斗栱体量变小的同时，梁截面变大、枋截面变大，整体结构更加强调横纵向联系、更加简洁了。 （2）斗栱结构趋简 询问学生拼装清式斗栱和拼装唐式、宋式斗栱的不同感受，引出结构变简的话题。 斗栱的结构变简主要体现在下昂的变化上。通过对唐、宋、清式斗栱下昂形式的对比，得出斗栱结构变简的结论。 唐代：下昂　　宋代：外插昂　　清代：假昂 （3）斗栱数量趋多 从唐式、宋式、清式建筑实例的对比，得出数量逐渐变多的结论。 【快速测试练习】 每位学生根据给定照片的斗栱形制，快速说出建筑年代	7min
6	小结	—	—	探讨斗栱结构的内在规律，并结合之前所学的历代建筑知识进行建筑趋势的总结与归纳	1min

通过体验式教学活动不难发现，斗栱的横向、纵向构件的卯口开口方向并不一致，但却遵循特定规律。在学生们获得感性认识后，引导其关注并思考《营造法式》的相关规定："凡开栱口之法：华栱于底面开口深五分，广二十分""余栱（谓泥道栱、瓜子栱、令栱、慢栱也）上开口深十分，广八分"。最终对"垂直于屋身的构件（如华栱、下昂）卯口均朝下，平行于屋身的构件卯口均朝上"建立深刻印象。清代以前，斗栱的主要功能是承托屋檐、增加出挑，因此垂直方向为主要出挑方向，同时也是主要受力方向，在纵向构件上选用卯口朝下的连接方式能最大限度地满足其承重需求（图4-19）。而在横向构件上选用卯口朝上的连接方式，虽然承载力有所损失，但也能满足其维持稳定的需求。在唐、宋时期，一些建筑斗栱的偷心造做法更是直接将部分横向构件省略掉。到了清代，尽管斗栱的结构意义已经不大，但是这种构件卯口朝向的逻辑仍然被保留下来。基于上述分析可以得出结论：纵向构件的卯口朝下，起承托屋檐的主要作用，横向构件的卯口朝上，起维持稳定的作用。

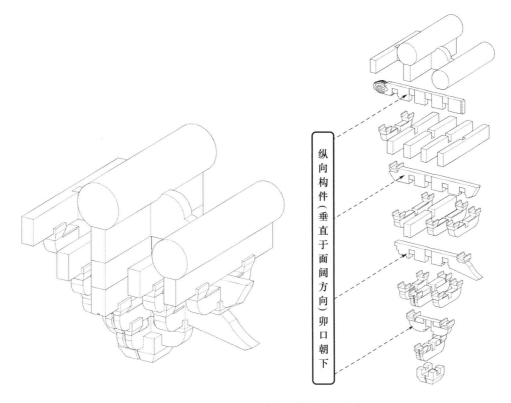

图 4-19 清式五踩平身科斗栱构件的卯口朝向示意

在2021年的中建史教学中，学生每2～4人一组，分别对建筑不同位置的清式斗栱进行了拆解和复原，用这样的方式感受不同斗栱做法上的异同，找到其中可以借鉴和转译的内容。这一教学活动让学生自行拆解本组斗栱，然后进行还原操作体验，以建立对斗栱原理的感性认识。在此过程中能够发现学生初次正确拼装耗时极长，特别是角科斗栱，学生经常在 10min 内还没有实质进展。在规定体验时间结束后，以清式五踩平身科斗栱为例统一讲解斗栱分层布置的规律，以及栱类构件卯口开口方向的特征和受力原理，兼顾对宋式铺作的类比分析。在讲解过后让学生再次进行操作体验，能够发现学生的正确拼装速度越来越快，最终每组能够在三次拼装体验后，将平身科斗栱模型的正确拼装时间缩短至 2min 以内。在各组学生进行组内和组间操作之后，对于斗栱原型的特征会形成更为深刻的印象，拼合模型非常熟练后，可以进入下一阶段的转译活动。

在转译活动中，仍然引导学生从材料性质、从实际需求出发表达斗栱榫卯的意象。对于只关注形态特征的转译作业，并不否定学生的思考，而是用组间类比的方法，引导学生多从新的角度探索转译的途径，逐步养成对原型特征全面而多层次的转译习惯（图 4-20）。

4.2.3.2 屋架操作活动

在熟悉了斗栱的基本原理后，学生对中国传统建筑榫卯做法有了一定认识。在此基础上，如果将中国古建筑屋架结构作为进阶操作对象，教学内容和难度均适时提升，应该能够增加教与学的挑战度，师生的教学积极性也能够被进一步调动。当然，这只是教学思考的一般性逻辑，在具体教学设计上，到底选择哪一历史时期的何种建筑屋架进行教学活动？仍然需要根据中国传统大木作原型特征以及每轮次学情进行斟酌。

前文已经提到斗栱在发展历程中，其结构逻辑日趋简化，中国古建筑的屋架结构也有类似的现象，比如清式建筑的梁架逻辑就要比宋式的简单不少。而对于初学者，硬山建筑结构又比歇山、庑殿等建筑结构更易理解。因此在具体教学活动中优先选取了清式七檩硬山前后廊建筑作为原型进行操作，引导学生在还原经典原型的过程中，思考各类杆件在整体结构中发挥的不同作用。搭建活动首先引导学生关注中国传统大木作特征，其次关注具体柱、梁、枋、檩因结构意义的不同而采取的不同做法，最后是要求学生熟练运用小式建筑尺寸权衡方法，尝试根据自己加工完的柱子构件推演整个建筑的面阔、进深以及举架尺度。

课程坚持与校外企业联合教研，共同进行大木作屋架搭建活动，在此过程中持续思考成果演进的方式，对教学内容和成果呈现方式做适度更新。比如在 2023 年的教学活动中，24 位参与的学生分为 2 组，各自以组为单位，按小式建筑尺寸权衡要求进行大木作构件加工，最终实现了 1∶4 比例尺的七檩硬山＋歇山屋架模型，学生通过操作一个屋架深入理解了两种经典屋顶形式的生成原理（图 4-21）。师生们在这样的操作活动中，从最初的选料、粗加工、到中间环节各类杆件的自主精加工，再到实物模型的协作搭建，全程参与到一个建筑空间从无到有的过程，这种参与感和获得感是单向输出型课堂无法比拟的。

这种深度参与和体验的教学方式加强了学校和企业、学生和社会之间的关联，形成的教学成果也较以往的试卷更具应用属性。应用型高校可以通过此类教学模式，让教师和学生感受到历史对设计实践、教学的现实意义。只有让教师和学生对"这门课程有用"产生高度认同，才能积极促成师生之间的默契配合，教学过程才会始终保持健康的状态，教育者们喜欢谈论的教学目标、教学评价才不至于变为空想。

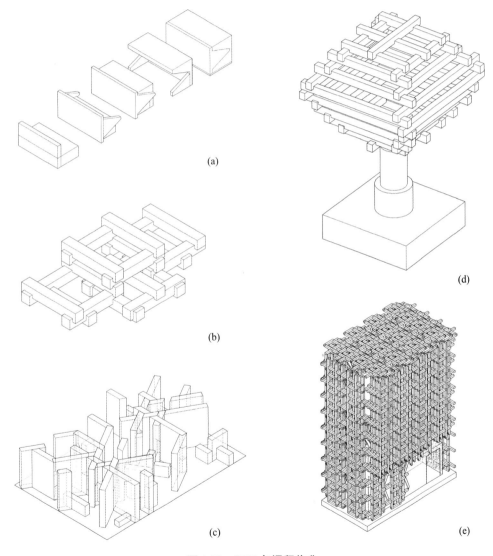

(a)

(b)

(c)

(d)

(e)

图 4-20　2021 年课程作业

（a）段纪新绘制；（b）范雅茹绘制；（c）孙艺轩绘制；（d）李若彤绘制；（e）包天宁绘制

图 4-21　2023 年清式屋架模型搭建操作

4.2.4　系列活动三：虚拟仿真活动

线下实操类教学活动对于建立学生的真实空间体验有巨大帮助，但是很多教学内容需要到现场才能获得体验，一些新奇的想法如果单靠传统的线下操作，也会耗费较长时间才能实现，这些对于建筑史课程效率的提升是不利的。基于这些教学中的难点，可以开发一系列虚拟仿真教学活动，让学生在课中环节来到智慧教室和自建虚拟仿真平台上进行自主探索式学习。

在该系列活动第一阶段除了设置建筑施工的过程性虚拟仿真操作，还在场景中加入最少 3 个探索任务，并通过虚拟人物将若干支线内容穿插起来。每个探索任务完成后，会触发下一探索任务，环环相扣，增进学生自主学习兴趣。例如：探索任务 1 要求学生在虚拟仿真平台的一处场景中,自行设计合理路线,用最短时间进入特定七开间殿堂造建筑,并通过与虚拟人物的对话了解此次探索的内容:首先要在指定范围内找到某一建筑构造,之后触发任务要求将其拆卸并带回指定位置重新建造。在此活动中,不光考查学生对史论的时空记忆能力,还能够在虚拟仿真拆解、重建过程中继续锻炼其经典还原能力、场景应用能力。该阶段任务由系统随机派发,每位学生任务不尽相同,学生在第一阶段既可以自行探索,也可以与同处一个虚拟场景内的同伴一起完成任务。此举能够增加学生在经典建筑中实施虚拟工程操作的乐趣,体会人在传统建筑营造中的意义,从而产生足够的自学动机。

虚拟仿真系列活动第二阶段任务在学生各自完成探索任务后进行,要求每组按事先设定好的剧本、脚本,完成虚拟仿真空间的营造,引导学生关注当代生活中史论知识转译应用的多元场景。其场地条件、建筑形式、室内风格、工程做法等内容应与每组剧本中设定的一致,此外,每组还需在此虚拟空间中置入事先设定的事件,最终以影视语言制作完成 3 分钟短片。在此活动中,除了中建史本体教学内容,还需要交叉应用多个学科专业的知识、技能。通过在虚拟教学平台设置礼制等级、建筑层数、建筑高度、厅堂/殿堂、历史时期等关键参数得到匹配剧本要求的中国传统建筑空间。学生在此阶段教学中,能够对虚拟仿真内容保持较高关注,也能够围绕一个相对复杂的活动任务,将以往学习到的史论知识和技能进行综合运用。

4.2.5　建筑史课程教学创新的成效与反思

OBE 理念倡导的成果导向教育,有利于师生在教学过程中围绕目标自主建构知识体系,普遍在工程类专业实践课程中取得了良好的教学效果。但是,在教学活动中学生的参与和反馈也对评估课程创新的成效十分重要。为了检验新的教学架构是否在能力培养、内容组织、活动设计、考核评价上有积极效果,笔者尝试依托三个系列教学活动中反馈的教学数据,分析和检验建筑史论课程创新的有效性。

4.2.5.1　教学实验的理论基础

基于行为参与、情感参与、认知参与的理论框架,设计检测量表用于分析、检验教学活动,是一种较好的辅助教学研究的方法。上述三个参与维度已被广泛用于调查学生学习的参与度。行为参与是指学生的身体实际参与,例如作业的制作和提交;情感投入是指学生的情感反应,例如学习过程中的各种情绪;认知参与指学生主动付出努力来获得某些能力或技能。实验数据来源为教师、学生的日常记录以及线上教学平台的自动采集。

本次教学实验分为两个周期进行:第一周期实施传统教学方式,第二周期实施以应用能力培养为导向的新型教学架构。第一周期的教学过程仅作为原始类比对象,因此缺失少量参考指标。测试课程为中国建筑史（以下简称中建史），为期6周，48学时。参与两个周期教学的班级和教师不同，但相同周期内任课教师使用相同慕课资源和教学设计方案。在具体检测内容中，分别对课程三种系列教学活动及其对应的传统教学活动的过程数据进行比较和分析。

4.2.5.2 教学实验效果比较

（1）第一周期抄绘与第二周期卡牌游戏

在基础应用能力的培养阶段，学生由于接触课程内容的时间尚短，教学重点放在帮助学生解析经典建筑个案，培养学生的学习兴趣。从两个周期教学情况来看，第一周期由于能力培养目标不清晰，缺少明确围绕"案例解析"等基础应用能力培养的教学活动，仅有历史建筑抄绘活动能够作为类比。

抄绘类教学活动要求学生对某一经典建筑的平、立、剖面或轴测图进行抄绘，对于学生熟悉经典建筑的形象有一定帮助，但由于学生缺少对这些建筑的真实体验，教学效果难言理想，学生往往"绘完即忘"。从教学数据来看，第一周期课前环节使用第三方慕课资源，课前内容针对性较差，学生预习完成率仅为53.84%。在课中阶段，虽然大部分学生能够按时提交抄绘作业，但整个环节提问互动次数极少，大都在无交流状态下默默绘制完成，反映出学生只是在被动完成作业。在课后阶段，几乎没有学生主动与任课教师讨论课上内容。说明学生仅在行为参与层面完成了课程任务，更深层次的情感参与、认知参与较少。从成果来看，学生的抄绘图纸内容雷同且缺少思维痕迹，图纸背后蕴藏的实践原理难以内化。

在第二周期，以卡牌游戏引导学生通过牌面游戏规则的设计，深入思考课上内容。在卡牌游戏第一阶段，每位学生制作一套规则自洽的中国古建筑游戏卡牌。在课前预习环节，学生使用学堂在线校本慕课《建筑设计史》资源自主学习，教师针对应用型高校学情凝练内容，进行个性化教学，学生预习完成率有所提升，学生提问比率提升较大。课中环节的教学活动尽管仍有学生消极对待作业，但在活动截止时均能提交相应作业，表现为课中活动参与率不及作业完成率，反映出第二周期教学活动的功能性、趣味性设计仍有可提升余地。随着卡牌游戏的深入，学生能够在认知个案特征之余，逐步梳理案例本身以及案例之间的区别与联系。在卡牌游戏第二阶段，通过组内对卡牌游戏规则的再次梳理和实践，充分调动各组员的积极性，深入思考将所学设计史论和实践原理更好地融入游戏规则设计。各组提交的最终版卡牌在案例解析和规律梳理能力上均有较大提升。

从成果上看，卡牌游戏两阶段一共能够形成24套个人成果和6套集体成果。相较传统教学方式，作业有更多针对使用场景的思考痕迹、信息量更大、层次更为多样，也能够将工程实践中的迭代优化意识传递给学生。从教学成果耗时情况来看，两个周期的课中教学耗时均为 8 学时。如计入课前、课后耗时，则第一周期消耗的总体学时较少，这也反映出学生在该类活动中的投入较低。第二周期卡牌游戏总耗时为 12.1 学时，多于第一周期对标活动的总体用时，但课上教学时间相对更有效率，且中测由于融入教学活动中进行，测试环节所需时间较第一周期更短，降低了教学活动和测试评价环节的割裂感（表 4-5）。从课后反馈来看，每组最终的优选卡牌复玩率极高，经常可以看到学生在课间进行游戏，与第一周期仅有两位有考研意向的学生在课后加练抄绘形成巨大反差，表明第二周期教学中学生已经从行为参与过渡到较高的情感参与层面，成果的应用属性较传统教学的抄绘有较大提升。

表 4-5　两个周期针对基础应用能力培养的教学活动检测量表
（数据如无特殊说明均为平均值，时间单位：h）

教学实验周期	第一周期	第二周期	
教学活动名称	历史建筑图纸抄绘	卡牌游戏活动一（个人）	卡牌游戏活动二（小组）
教学活动核心内容	每人依据给定历史建筑特征，完成指定比例的平、立、剖面图或轴测图绘制	每人整理课上所学史论知识信息，以经典建筑空间特征为切入点，设计出一套规则基本自洽的游戏卡牌	每组按每位成员制作的卡牌规则进行卡牌游戏，选出并完善一套规则设计最能体现经典建筑特征且最好玩的游戏卡牌
支撑的目标应用能力	经典还原	案例解析、经典还原、规律梳理	案例解析、经典还原、规律梳理
参与人数	26	24	24
分组情况	—	—	共分 6 组，每组 4 人
每人/组课前预/复习内容来源	第三方慕课/教材	校本慕课资源	校本慕课资源
每人/组课前预/复习平均时长	0.3	1.42	1.25
每人/组课前活动完成率	53.84%	87.5%	100%
每人/组课前提问教师平均次数	0.08	0.25	0.67
每人/组课中学习平均时长	6.0	3.0	3.0
每人/组课中作业完成率	92.31%	100%	100%
每人/组课中活动参与率	88.46%	91.67%	100%

续表

教学实验周期	第一周期	第二周期	
每人/组课中提问教师平均次数	0.15	1.04	1.33
中测方式与要求	指定经典建筑图纸绘制，在绘图正确的前提下，用时少则分数高	每人在规定时间内设计并提交一套可供四人游戏的卡牌，完成一次游戏	每组在规定时间内实践各组员卡牌的玩法，筛选并完善一套可供四人游戏的卡牌提交，选取此套卡牌完成一次游戏，胜者成绩有加成
中测活动平均用时	0.37	0.15	0.23
每人/组课后提问教师平均次数	0.19	0.46	0.33
每人/组课后学习平均时长	0.38	1.22	0.21
每人/组每套作业平均张数	6.0	36.08	46
每张卡牌体现的知识信息点（10张抽样平均）	—	1.2	2.9
每人/组完成全部作业耗时	6.68	5.64	4.46
学生课间复绘/玩比率	7.69%	37.5%	83.33%
教学活动成果数量（套）	26	24	6

（2）第一周期论文写作与第二周期经典建筑操作

在进阶应用能力的培养阶段，适宜对"经典转译""设计批评"等能力进行重点培养，并在活动中适当串联前一阶段的能力培养。第一周期在该阶段比较缺乏有效的教学活动，仅有小论文写作能够对标"设计批评"能力的培养，且效果并不理想。表现为：学生写作内容空泛、流于表面，甚至出现抄袭的现象。第二周期对应的教学活动为经典建筑操作系列活动，学生在卡牌游戏中对经典建筑产生感性印象后，通过实物模型操作系列活动，从工程实施的角度进一步认识中国古代建筑的营造原理。除了能够巩固并提升学生的"案例解析""经典还原""工艺传承"能力，该活动第二阶段能够在"经典转译"和"设计批评"能力培养上发挥作用。

从两个周期教学情况来看，第一周期课前环节使用第三方慕课资源，学生预习时间较短，完成率仍然不高，无人在课前提问。在课中环节，大部分学生能够在课上完成论文大纲撰写和基础资料收集，但由于论文写作环节成绩独立计算，该分数并不影响终测试卷阶段的成绩，导致课前、课中阶段部分学生选择突击拼凑作业提交，课中师生互动极为有限。从课后作业消耗时间来看，平均每位学生需要2h以上的时间用于完成论文，但提交成果多为资料的罗列和对他人观点的转述，说明在缺少实际营造体验的情况下，第一周期论文写作活动的教学效果较差，学生很难做到言之有物（表4-6）。

表4-6　两个周期针对进阶应用能力培养的教学活动检测量表

教学实验周期	第一周期	第二周期	
教学活动名称	论文写作	经典建筑还原活动	经典建筑转译活动
	传统建筑思辨论文（3000字）	七檩硬山屋架还原（实物模型比例尺为1:4）	七檩硬山屋架转译（实物模型比例尺为1:4）
教学活动核心内容	掌握中国传统建筑的专业评价方法	熟悉清式七檩硬山屋架营造原理及工程做法	以清式七檩硬山屋架为基础，转译其屋架做法
支撑的目标应用能力	设计批评	案例解析、经典还原、工艺传承	经典转译、设计批评、工艺传承
参与人数	26	24	24
分组情况	—	共分4组，每组6人	共分4组，每组6人
每人/组课前预/复习内容来源	第三方慕课/教材	校本慕课资源	校本慕课资源
每人/组课前预/复习平均时长	0.25	0.78	0.63
每人/组课前活动完成率	80.76%	95.83%	100%
每人/组课前提问教师平均次数	0	0.75	0.5
每人/组课中学习平均时长	3.0	3.0	6.0
每人/组课中作业完成率	84.61%	100%	100%
每人/组课中提问教师平均次数	0.12	1.39	1.71
首次正确操作平均耗时	—	0.53	—
中测方式与要求	规定时间内完成论文大纲撰写和基础资料收集并打包提交	在校内外导师联合指导下，完成七檩硬山屋架实物模型拆解复原操作，时间短则分数高	在校内外导师联合指导下，转译制作转译屋架并搭建，给出其转译设计依据
每组中测操作平均时长	—	0.18	—

续表

教学实验周期		第一周期	第二周期	
每人/组课后学习平均时长		2.19	0.32	0.28
每人课后提问教师平均次数		0.04	0.57	0.73
每人/组完成全部作业耗时		4.44	3.1	6.91
学生课间复操作/复玩比率		0	75%	41.67%
教学活动成果数量（套）	论文	26	0	0
	电子复原模型	0	1	0
	实物复原模型	0	1	0
	电子转译模型	0	0	4
	实物转译模型	0	0	4

第二周期活动内容为清式屋架模型操作，分为还原和转译两个紧密关联的子阶段进行。还原阶段的教学关注原型特征的研究，课前环节围绕选定的清式屋架内容进行线上学习，学生课前活动完成率较第一周期有所提升。得益于校外实践基地课前环节的异步教学准备，屋架模型的柱、梁、枋、檩等大木作构件在课前已经加工为半成品，学生在课中环节只需参考清式建筑权衡表完成刨削、弹线、开榫等少量木工操作，但各组需按要求客观还原清式七檩硬山屋架主要结构及构造特征，并在室外场地完成实物模型的搭建。此举意在引导学生通过实际操作体验，关注本土大木作特征以及装配式施工过程。期间各组交替进行操作，共同对同一屋架进行拆解、拼装。由于此时学生普遍缺少中国古建筑营造的经验，首次正确拼装模型耗费的时间较长，耗时最少的一组也达 0.53h。在经过联合导师组专题化讲解后，第二次正确拼装的耗时明显减少，至中测时，平均每组仅消耗 0.18h 即可完成一次正确拼装，表明学生的"经典还原"能力普遍有较大提升。在转译阶段，学生需要将完成的七檩硬山屋架作为原型，运用当代技术手段转化其形式和做法，要求保留原型建筑的基本特征，从材料、色彩及构件形式上做出适度创新，完成有当代特征的结构模型。在该过程中，学生除了需要对原型屋架有深入的理解，还需要主动研究当代建筑结构、构造的表达方式，这种对传统工程做法的扬弃过程除了能够培养"经典转译"和"设计批评"的能力，也能够逐步唤醒并强化学生的本土创新意识。由于转译活动本身的实验性，该阶段中测并无标准答案，各组中测能够完成并给出本组作业的恰当依据即可。

从量表数据来看，相较于第一周期的沉闷，学生的参与程度有较大提升，主动提问者增多，在课后也经常围在实物模型周围自行拆解、拼装，并且相互交流、打趣，表明学生对该部分建筑史内容产生了兴趣。第二周期的系列活动由于两个子阶段的关联较为紧密，能够让学生更为深入地探究史论应用方式。该系列活动一共获得 10 个模型成果，在绝对数量上相较第一周期有所减少，但在成果形式上，较之第一周期粗糙的论文，每一套屋架模型都包含上百个构件，且每个构件都有学生主动思考、操作的痕迹，成果的工程应用属性更强。

（3）第一周期试卷与第二周期虚拟仿真系列教学活动

在高阶应用能力的培养阶段，需要着力提升学生的综合应用能力。第一周期的教学活动是围绕期末试卷组织的课堂答疑及模拟考试，仅能对学生"时空判断""案例解析"等能力的培养情况做出简要评估。在该活动的课前环节，学生使用的学习资源依然来自第三方，缺少针对校本学情的课程内容，学生学习状态较为消极，课中环节教学时长为 3h，在该环节，学生除了咨询考题内容之外，几乎没有针对史论知识的思辨性提问行为。终测形式为模拟闭卷考试，时间为 1.5h，学生完成模考后不再与教师和学生产生互动，从学生提交的试卷来看，试题答案多为课上知识的刻板复述，表明该活动方式不利于产生新的知识，也无法充分给予学生建筑史论应用能力的培养。

第二周期采取混合式教学，创设虚拟仿真系列教学活动，依托自研教学平台创设的场景进行任务导入，从学习行为数据来看，学生在课前、课中、课后环节的参与度都有极大提升。表明该活动设计能够在一定程度上摆脱传统虚拟仿真教学只关注仿真而忽视自主探索的局限性。在教学过程中，通过虚拟空间叙事线索帮助学生实现对专业知识的深度理解，让学生在实践应用的体验中串联起所学的建筑史论。依托教学平台的实时纠错与引导功能，能够随时订正学生在虚拟仿真工程操作环节的错误，并给出智能引导。学生由于误操作带来的后果，会经虚拟仿真设备实时模拟并同步传递给学生，加深学生印象。这些误读和误解均会在平台中自动记录，用于后续的教学分析。

从量表数据来看，可以发现学生的学习自由度有极大提升，学生间互动、师生间互动都更为频繁。在教学活动整体耗时上，虽然第二周期仍然高于第一周期，但教学成果质量有较大提升，两阶段虚拟仿真活动能够收获 24 套个人作业及 12 套小组作业，在数量和应用价值上均超过第一周期的试卷。反映出自研虚拟仿真教学平台介入教学，有助于提高学生的参与度，且在交叉学科类活动体验上显著优于第一周期的传统教学（表 4-7）。

表 4-7　两个周期针对高阶应用能力培养的教学活动检测量表

教学实验周期	第一周期	第二周期	
教学活动名称	试卷模考	虚拟仿真建筑探索活动	虚拟仿真空间叙事活动
教学活动核心内容	考核学生对中建史内容的综合记忆	每组在给定虚拟仿真建筑场景中按要求寻找三个建筑构造并完成拆解拼合	每组根据既定剧本、脚本在给定虚拟仿真环境中创造空间并根据场所精神植入空间事件

续表

教学实验周期	第一周期	第二周期	
支撑的目标应用能力	时空判断、案例解析、规律梳理	案例解析、经典还原、规律梳理、场景应用	经典转译、规律梳理、设计批评、场景应用、学科交叉
参与人数	26	24	24
分组情况	—	—	共分12组，每组2人
每人/组课前预/复习内容来源	第三方慕课/教材	自研虚拟教学平台	自研虚拟教学平台
每人/组课前预/复习平均时长	—	0.2	0.2
每人/组课前活动完成率	—	100%	100%
每人/组课前提问教师平均次数	0	0.25	0.67
每人/组课中学习时长	3.0	3.0	6.0
每生课中与其他学生互动频次	—	1.75	2.87
每人/组课中活动完成率	—	100%	100%
每人/组课中提问教师平均次数	0.46	1.04	1.33
终测方式与要求	闭卷模拟测试。时间1.5小时，卷面正确率高则分数高	每人在虚拟空间场景中找到三处指定建筑构造，并正确拆解拼装，时间短则分数高	每组在给定虚拟仿真环境中搭建空间并根据场所精神植入空间事件，时间短则分数高
完成终测平均用时	0.93	0.68	1.12
每人/组课后提问教师平均次数	0	0.42	0.5
每人/组课后学习平均时长	—	0.31	0.43
每个虚拟场景涵盖知识点	—	6	9.5
每个场景任务/事件的平均数量	—	4	5.75
每人/组完成全部作业平均耗时	3.0	3.51	6.73
学生课间复作/复玩比率	0	62.5%	45.83%
教学活动成果数量（套）	26	24	12

第二周期的三个系列教学活动共约消耗 32 学时，在成绩评价方面，如果前一阶段成绩未达 60 分，则后续阶段的起评分扣除 5%，促使学生关注过程考核，力求淡化结课考试对课程教学的影响，通过系列化教学测评实现连贯的全课程考核。每轮次教学剩余约 16 学时用于课程的串联和拓展，能够根据每轮次学情变化及时更新教学内容，展现出较好的可持续性。

4.2.5.3 教学实验阶段小结

（1）校本中建史课程教学平台能够对学生学习行为进行良性引导

三个系列教学活动所反馈的数据初步表明：自建慕课资源和自研虚拟仿真教学平台相较第三方学习资源更能吸引学生，能够在学习行为上对其进行潜移默化地引导。得益于校本教学平台对教学过程的监控，在课前、课中、课后环节，学生必须进行真实有效的学习，前后阶段学习内容的关联得到强化。在良性干预机制下，学生能够自然地完成课程的学习与测评。

（2）实操型教学活动对于提升中建史课程参与度更为有效

将案例解析、经典还原、经典转译、规律梳理、设计批评、工艺传承、场景应用、学科交叉八种应用能力简化表示为 C_x，将三个系列教学活动的六个子活动简化表示为 T_x，可以看到能力培养效果与教学子活动之间的关系。通过学习数据的统计分析，反映出交互感强、游戏性强的实操活动在行为参与、情感参与、认知参与上具有良好的实施效果，而围绕 C_2、C_3、C_5、C_7、C_8 五项能力培养的教学活动更能获得学生在情感和认知上的深度参与，更易获得高阶应用成果（表 4-8）。

表 4-8　应用能力培养活动与学生参与度之间的关系

名称	C_1	C_2	C_3	C_4	C_5	C_6	C_7	C_8	行为参与	情感参与	认知参与
T_1	●	●		●					中	低	低
T_2	●	●		●					高	中	高
T_3	●	●				●			高	中	中
T_4			●		●	●			中	中	高
T_5	●			●			●		高	高	高
T_6			●	●	●		●	●	高	高	高
行为参与	高	高	中	中	中	中	高	高			
情感参与	低	高	中	中	中	低	高	高			
认知参与	中	中	高	中	高	中	高	高			

4.3 本土营造视角下的家具设计课程教学

家具设计课程在国内环境设计专业广泛开设，以解决小尺度下的各类设计问题为首要任务。北京联合大学的家具设计课程总学时为 64 学时，开设于第 4 学期。由于家具产品对于时代特征的回应往往比建筑空间更为迅速，因此在教学中立足当代社会需求，关注各种当代的设计语言和表达方法是必要的，但是也必须给予传统营造意匠足够的关注和探讨。

北京联合大学的家具设计课程通常在 4 周内执行完，因此相对于很多研究型大学 8 周的执行方式，更加需要学生尽早进入学习状态，才能在结课时获得比较理想的成果。在 2017 年以后的家具设计课程教学中，笔者一方面将自身在设计实践中获得的认识与学生分享，另一方面引导学生对传统营造语言介入当代设计的方式展开积极的思考。全部教学环节的操作和体验依然是组织教学活动的主要策略，促使学生在每一阶段的教学中通过身心的调动能留下连贯的思考痕迹，除了调动个体的积极性，也尝试以教学设计引导学生持续发挥集体研学的优势。如果能让一群人持续主动地向着目标互相协作，实现共同进步，对于专业教学来说将是非常美妙的事情。

4.3.1 现代材料对传统家具榫卯做法的诠释教学

第三章的设计实验已经表明，现代材料在转译传统形式上有较大的潜力。因此在课程教学中，也可以围绕这一转译策略，组织递进式的教学活动。在教学过程中，教师需要帮助学生明确研学传统营造的目的绝非是要完全复古，而是在当代本土设计中，继承优秀传统文化，使其为当代社会生活服务。在具体实施层面，可以针对原型家具的形式、材料特征选择能够替代的新材料，也可以通过研究现代材料的特性，开发出适宜材料特性的新的家具形式。鼓励学生沿着可验证的工作路径，持续探寻其他能够替代传统做法的新材料、新技术。

笔者在近年来的家具设计课程教学中，引导学生围绕瓦楞纸等色彩、触感与木料相近，且易于加工的材料进行本土转译。通过开展系列化教学活动，帮助学生独立思考、设计、制作完成瓦楞纸家具，并对其进行自主验证。

家具设计课程全部内容分为三个子单元，在 A 单元首先要求每位学生选取一种自然物或复杂人造物作为研究的原型对象，B 单元要求每位学生经过自己的归纳演绎后将其转变为相对抽象的二维构成图像，C 单元要求每位学生提取自己 B 单元抽象图形的元素，在 60cm×60cm×40cm 的空间范围内，按给定的使用场景需求，转化为具有某一功能家具的实物模型。不难看出，三个单元的教学活动在逻辑关系上仍然沿用自设计方法课程以来的递进式逻辑，这是对学习方法的巩固和延续，但在内容侧重上有所不同。家具设计相对各类建筑空间设计，在创意来源方面更为多元，也更为感性，这些来源往往具有非常具体的形态，因此势必存在一个从各类具体形态到抽象形态的提取和转化过程。基于这一客观现象，A 单元的教学活动主要进行"客观分析"的绘图练习，B 单元则在客观分析的基础上进行抽象特征的递进式提取，完成从二维形态到三维空间装置的转化。完成 B 单元模型装置的材料必须为轻质瓦楞纸材料，且不能有任何刚性连接。具体的实现手段和最终形式不做统一要求，但对学生瓦楞纸材料的厚度有严格要求，且不能使用经过强化处理的瓦楞纸。

学生在 C 单元将比 A、B 单元面临更具体的问题，第一是如何将一个复杂的自然形态做抽象的简化并保留其主要特征，第二是所做的家具实物模型体量更大，A、B 单元的材料和构造方法都需要适时做出改进，才能承受空间装置自身重力以及人体对它的作用力。此外，如何继续沿着自己既有思路适当表达概念原型的特征，将其恰当地转化为可以表述重力的结构、构造，也是学生面临的指向性更强的问题。

在 C 单元教学期间，教师持续鼓励并引导学生借助中国传统空间营造语言，发展出有承重意义的现代家具装置。同时，逐步强化学生独立运用中国传统空间营造逻辑分析、解决现代设计问题的能力。在课堂教学互动环节针对多种大小木作的榫卯构造方法给学生做拆解分析，在各种拆分重组的过程中让学生获得更多具体而深入的认识，而后引导学生将这些巧妙的传统营造语言运用到所做的空间装置上。此外，该单元教学设计也有意对重要的教学过程进行适度的重复，逐步养成学生的态度和习惯，引导学生运用中国传统营造语言将"从抽象到抽象""从具象到抽象"的思考和操作方法充分内化。学生在经历了 A、B 单元的教学活动后，C 单元的作业操作可以有效借鉴前面的经验，并且根据要求将自己的受力装置进一步功能化、产品化，满足各种特定需要（图 4-22）。

在课程教学过程中，有时还会遇到因法定节假日和学校大型活动导致实际执行学时数减少的情况。如果学时数为 48 学时或更短，则可以减少一个教学单元，A 单元选取原型对象可以更为直接，如中国传统的斗栱、孔明锁、燕几、传统木桌椅、茶几、博古架等本身已经较为抽象化的对象都可以作为 A 单元的研学原型，缩短抽象提取特征环节消耗的教学时长。B 单元教学就可以在充分解析 A 单元原型对象特征的基础上，设计满足特定功能的家具产品。可见，以 12 至 16 学时作为一个子单元的模块式教学有利于应对教学中的突发情况，保障课程的教学质量。

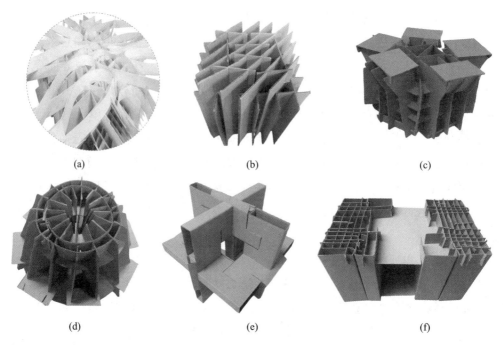

(a)   (b)   (c)

(d)   (e)   (f)

图 4-22 家具设计课程 C 单元装置作业

（a）吴定聪制作；（b）张捷制作；（c）龚一夫制作；（d）刘禹彤制作；（e）邓书玉制作；（f）张宸制作

4.3.2 破坏性实验对家具结构性能的直观评价

家具设计课程的评价方面，在 A、B、C 三个子单元的过程评价上以教师评价为主，主要考查学生各单元成果的延续性、递进性，除了教师对作业的过程评价外，在最终的评价环节以学生互评为主（60%），教师评价为辅（40%）的方式进行。而为了让学生评价更为客观公正，C 单元的最终考评围绕破坏性实验这一极为直观的形式展开。

在上一章内容中，我们可以看到借助力学分析软件能够对家具的结构性能进行模拟分析，但是对于初学者来说，通过教学活动建立起对结构、构造效力的真实体验更为重要。在 64 学时的课程中，学生在 C 单元制作瓦楞纸家具后，对其成果的评价除了考量与前置单元的关联，还需检验家具的基本力学性能。破坏性实验是全部学生作业都需参与的环节。测试时选择一个体重 50kg 左右的女生作为检验员，踩到每个参与测试的作品上，每个作品如果能够承受 10s 不垮塌，且没有发生大的形变，既视为通过检验。

通过破坏性实验，可以强化学生在家具结构、构造方面的设计和实施能力，引导其关注家具的基本力学逻辑。由于有了破坏性实验的"威慑"，学生将不得不改变在设计过程中过于关注形式，对产品性能关注不足的习惯。必须在全部前置阶段的学习中，时刻思考自己作品在最终检测环节的表现。

在教学过程中，引导学生用更少的材料满足受力需求，在此基础上鼓励学生思考I形断面插接与U形、口形插接在具体应用时的优势与劣势。但是让学生在短时间内改变原有的思维惯性并不容易，无论在意匠还是操作层面，I形断面的插接都更方便，U形、口形插接在学生初学阶段不太容易实现随心所欲地思考操作，因此很多学生仍然会使用I形断面的插接应对设计任务。

从2019年的课程教学来看，在受力实验后，学生的家具装置共垮塌2个，严重受损5个，另有两人使用了违规的经强化处理的瓦楞纸。垮塌以及发生较大形变的共性原因，是由家具的插接方式引起的，这几个家具装置中，基本看不到杆件、体块逻辑的插接，大量使用的是单片B型瓦楞纸板片进行I形插接，将这种材料断面作为主要承重构件，难以承受较大的质量。于是与地面接触的多个板片在经人体重力后极易扭曲。而在破坏性实验环节表现较好的作品采取了两种插接策略：一类是采取密集的I形插接，另外一类则是采用了U形和口形截面插接逻辑，让家具装置外观有更多杆件和体块的意象，可以说这两类插接逻辑较好地保证了学生设计意图的贯彻和实施，而杆件化插接形成的瓦楞纸装置效果也有助于学生改变以往I形插接的设计习惯，不断探索效果更好的本土化木作转译方法（图4-23、图4-24）。

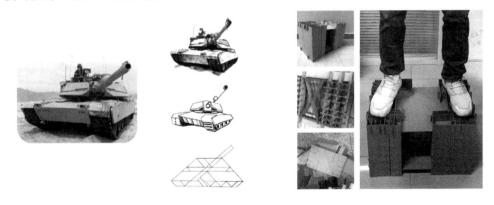

图4-23　2019年家具设计课程作业（张宸制作）

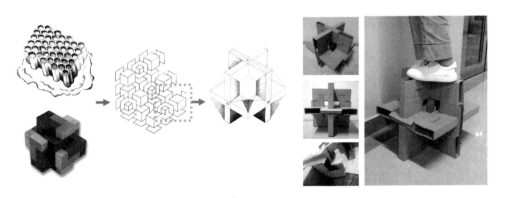

图4-24　2019年家具设计课程作业（邓书玉制作）

当然，在这类环节教学中，学生的作品即使通过破坏性实验，也并不意味着该家具设计已经达到投产的要求，家具产品的生产还需要进行更全面且充实的论证。但是，这种评价方式能够帮助学生建立务实的设计态度，让学生在无法回避的实验结果面前，深刻认识到对于优秀的传统理念，除了需要对其进行时代转译，还需关注其可实施性，以及实施后的效果。这种以自己作品作为破坏性实验对象的评价手段，虽然会让该单元的教学成果不那么整洁靓丽，但是对于学生而言，收获了对设计转译作品的客观认识，有助于学生养成灵活变通而又严谨务实的学习态度。同时，也希望学生在经历这种学习后，保留自己的实验精神，在以后的学习环节不断勇于突破自身固有思维定式，探索更多本土家具的转译途径。

将家具设计课程的内容分阶段设计教学活动，每一阶段通过递进式的考核督促学生参与到全过程教学。这在教学过程的管理上与设计方法课程一脉相承，一方面可以帮助学生进一步巩固本土转译设计的思维方式和工作方法，另一方面有利于持续锻炼学生解决具体设计问题的能力，强化从形态原型到设计类型的研究意识。

4.4　本土营造视角下的城乡环境可持续更新教学

近年来，随着我国城市化进程的放缓，存量建筑空间品质的可持续提升受到社会广泛关注，城乡环境可持续更新也成为专业院校高年级课程的重要内容。这一专题内容在北京联合大学环境设计专业对应的是可持续设计课程以及本科毕业设计中的限选方向，其中可持续设计课程共48学时，开设于第6学期。主要有两类教学内容，分别为"废旧建筑可持续设计""室内空间可持续设计"，在每轮教学的不同学情下，可以采取不同的教学内容和教学策略。毕业设计则在第7学期启动，共持续12周。其中"城乡环境可持续更新"是限选方向，选择此方向的学生也连续获得各级优秀毕业设计称号，并在专业学科竞赛中取得较好成绩。

4.4.1　本土营造视角下的宅院转译教学

中国人对院子普遍怀有深沉的情感，中国本土合院式住宅的历史也极为悠久，其早期原型可追溯至西周时期陕西岐山凤雏村的四合院住宅遗址，之后在我国各地区陆续发展出具有地域特征的合院住宅类型。这种围绕某个中心空间组织空间序列的建筑关系，与"营"的传统内涵关联密切。我国各地区各种不同形式的传统院落式住宅，都可以视作该地区的本土宅院原型。对于这些原型的解析，有助于理解各地区的宅院空间组织逻辑，为呈现具有地域特征的当代合院住宅打下基础。

笔者在2021年以后的课程教学中围绕乡村环境更新主题，与学生一道对目前北京及其周边地区的乡村住宅更新设计进行了转译研究。课程第一阶段为本土院落住宅原型研究，要求学生选择一个自己感兴趣的传统合院式住宅，通过研究其平面组织方式，在立面和剖面关系上针对当代社会发展状态，做有针对性的更新改进。第一阶段约占12学时，意在让学生去伪存真，关注原型对象本身的生成原理。第二阶段任务则针对具体乡村中的院落场地进行，约占36学时。要求结合第一阶段工作成果特征、按照场地条件和业主的现代生活需求进行设计。第一阶段和第二阶段教学的具体时长可视每轮学情的不同进行适当调整。

4.4.1.1　院落原型研究与抽象梳理

我们的祖国幅员辽阔，很多地区都有自己特有的合院住宅形式，北方有北京地区胡同四合院、山西地区的高墙大院、新疆地区的阿以旺，甚至连陕北的窑洞住宅中也有下沉合院式窑洞的类型。南方则有云南地区"一颗印"式合院住宅、江南地区的"四水归堂"式合院住宅等。而一些特殊体量的建筑单体或组团如客家的方形、圆形土楼、传统的宫殿建筑组团、明清园林建筑组团等，都可视为大型综合院落住宅。

合院住宅的原型资源虽然极为丰富，但课程的学时客观上是有限的，想在一个轮次的教学中将这些丰富的合院类型进行全方位研学，最终成果往往容易流于表面，师生双方都会比较疲惫，较难获得理想的效果。而且作为应用型高校，更需关注的是第二阶段对于原型知识的反思与应用。因此，适宜在每轮次教学中有针对性地选择两种合院作为原型研究对象进行课程第一阶段的教学。以25人左右的教学班型为例，如果进行个人作业，能够有10人左右研究同一原型；如果两至三人一组完成，则能够保证至少有两个小组研究同一原型。此举便于发挥研学中的群体力量，让第一阶段的作业成果有比较和优选的余地，也使课程教学始终能够沿着积极的方向不断进化。在课程教学中教师继续引导学生沿用从原型到类型的思维和操作方法，在两种尺度范围内，将本土传统合院在格局上的特征，运用杆件要素进行抽象转化。从几轮教学选取平面上看，大部分学生倾向选择较为规则的北京四合院进行抽象梳理，少有学生选择其他地区的合院式住宅作为研究原型。因此在讨论环节，教师除了提示学生类比其他地区宅院，还应注意引导学生根据原型院落、各建筑平立剖面暗含比例衍生出的新模数，在模数控制下，抽象出原型院落的空间特征。从教学成果来看，保留原始平面格局特征，在其平面逻辑基础上进行剖面关系的衍生变化，能够收获有传统合院精神，同时兼具现代人居使用潜力的空间装置（图4-25）。

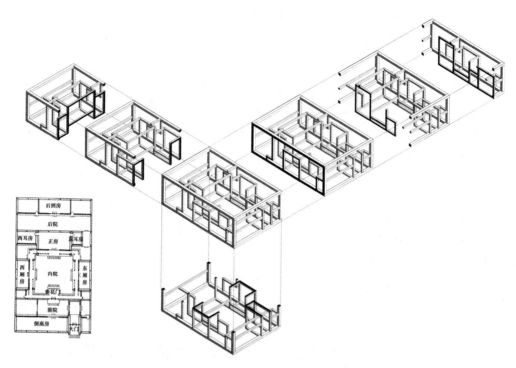

图 4-25 基于北京三进四合院平面关系的转译装置及其六种剖面关系（刘颖文绘制）

2021—2022 年的教学由于第三学期设计方法课程的"积极"影响，在乡村可持续设计专题中，学生们对于合院原型的分析，大都自觉限定在由 12 根杆件定义的相似范围内，这一方面表明设计方法课程对于学生设计操作习惯的建立有积极意义，另一方面则表明这种方法对学生的设计思维产生了一些约束，形成了某种思维定式。当然，这种约束对开展设计活动是否积极还要根据具体的应用场景进行判定。但是需要特别注意的是，教师应该在教学中鼓励学生不被已有的知识和习惯束缚手脚，对于设计思维和方法始终抱有灵活运用的态度。比如在对合院平面进行空间装置化处理的阶段，可以引导学生思考边界存在的必要性，是否可以将建构空间边界的 12 根外围杆件适当变更或消解，突出合院建筑本身的形态、体量及比例关系。这种思路下的空间装置可以被视为开放型装置，相较限定型装置，能够增强内部模数空间的适配性，有助于学生根据具体应用需求，对合院原型进行抽象转译，随后的教学进程也印证了这一点（图 4-26）。

4.4.1.2 院落类型转译与功能植入

中国传统合院住宅的形式特征往往与当地的地形、水文、气候等自然条件有关，此外，还有不少形式特征与军事防御、宗族往来息息相关。这些内容在具体营造活动中通常是无法变更的先天条件，除此之外，场地本身的建筑、道路、绿植等既有条件也必须在可持续设计中统筹考虑。如何在这些条件的制约下，引导并帮助学生实现第一阶段各具特点的本土合院设计思维，是教学中的难点。

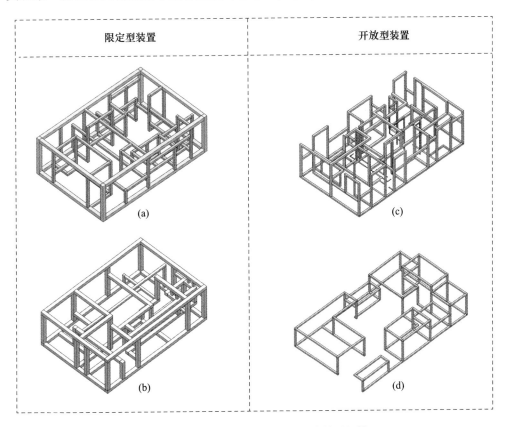

图 4-26　两种不同思路对合院住宅的装置化转译

（a）李绪先绘制；（b）任雪纯绘制；（c）张靖绘制；（d）施亦隆绘制

2022 年课程教学第二阶段依托北京市延庆区的民宿项目场地，进行小型宅院的本土化更新推演，完成当代合院式民宿空间的设计。原有民宿场地并不大，场地中央是开敞的院子，北侧有一座五开间的砖混坡屋顶住宅建筑，建筑内部已经较为破败。在场地南侧、东侧都有必须保留的树木，共三棵。场地外围还有两栋村民已建成的二层民居建筑，对场地有部分遮挡。可以说建设用地本身的限制条件不少，但也有利于针对具体场地特征做出独一无二的有趣空间。

通过第一阶段的教学，学生完成了有合院特征的抽象空间装置，这一过程已经让学生对于特定合院住宅空间特征有了自己的认识。在第二阶段教学中，需要引导学生结合场地条件恰当地融入自己第一阶段成果，保持转译成果的本土性和自身设计思维的连续性。前一阶段的限定型装置和开放型装置是两种不同的思维类型，可以对持两类思维的学生进行分别的引导，让其分别思考使用者在自己的空间中可能会产生的行为场景，思考内向型空间和开放型空间的异同。为了增进学生对场地和人的理解，在进行民宿更新设计之前，先将空间装置放入某一场地条件中，加入基本的流线与功能，思考真实情况下建筑空间尺度、高差的衍生变化（图4-27）。此外，必须持续强调以院子作为空间组织的核心，空间的现代使用功能必须与院落发生关联，通过这样的方式，帮助学生逐步得到具有本土传统原型意向的现代合院住宅。在行进路径的设计上，鼓励学生借鉴传统中国园林的游走体验，最终营造出有趣、立体的空间体验（图4-28）。

图4-27 开放型空间装置带入应用场景（张靖绘制）

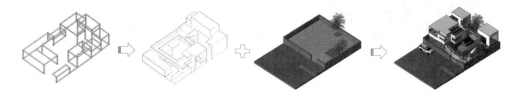

图4-28 空间装置结合场地条件得到具有立体游走体验的民宿方案（施亦隆绘制）

近两轮教学的情况反映出学生能够初步掌握围绕某一宅院原型特征转译有传统意向的现代合院的方法。从结课成果来看，大部分学生对于空间本身的形态发展相对更感兴趣，针对形式做的偏重主观的推演也比较多，但是对于场地内的既有条件回应较少，方案往往只对需要保留的树木有为数不多的思考，而对既有建筑结构、材料的可持续利用方法仍然关注较少，还普遍存在设计全新建筑的思维惯性。这一问题出现在初次接触可持续设计的学生中间无可厚非，但也说明仅凭一门课的教学还不足以让学生将空间可持续设计领域的观念和方法融会贯通，对于重要的、有一定难度的专业知识和技能，应该在后续的毕业设计选题方向中适时再现，让学生能够持续开展有针对性的学习。

4.4.2 本土营造视角下的毕业设计教学

毕业设计是专业教学质量的重要体现，也可以视为学生四年在校学习的最终成果。对于专业课程中的本土转译内容而言，其教学成效也应该在毕业设计环节有所展现。而毕业设计因其教学形式的特殊性，绝大多数院校并不会让学生到校进行集中式的教学，学生的学习状态比较自由且比较难以掌控，照搬课堂教学的组织方式显然是行不通的。在这种情况下，稳定的选题方向就显得较为重要。

为了让传统营造的传承和转译在教学中有更好的延续性，笔者自 2018 年开始，将特定历史条件限定下的设计任务，或具有某些历史文脉的拟改造更新项目，作为每年毕业设计环节的固定选题方向延续至今。笔者组内每年有至少三分之一的题目为城乡环境可持续设计领域的相关项目，按照一人一题的原则，如果组内有 6 人，则至少有 2 人选择该方向题目，这类题目也逐渐成为环境设计专业一种固定的题目方向。自 2021 年以后，整个环境设计专业会有将近三分之一的学生选择该方向，这也使本土营造相关领域的教学研究不但有了数量上的延续，也有了更多获得高质量毕业设计教学成果的可能性。这类选题客观上有一定的难度，但能更好地检验学生在真实环境中，思考、实践本土空间营造的能力。在这个方向下，教师与学生对各类城乡专题空间改造项目，如工业厂区、住宅、商业售卖、餐饮等类型空间进行可持续更新设计研究。除了常规的项目设计，毕业设计环节近年来也结合城乡更新领域的命题竞赛，让学生在真实的项目中持续提升自身本土设计能力。

在毕业设计环节的教学中，通常会有开题、中期、终期三个阶段，尽管这是一门高度自由、开放的课程，学生会做不同类型的内容，但是在课题方向确定后，仍然可以引导他们沿着原型、类型、范式这一带有递进逻辑的思考和工作路径开展自己的毕业设计。对于选择城乡环境可持续更新方向的学生，在其开题阶段，首先应针对所选题目找到与之对应的本土原型进行分析，其次需要找到至少 4 个在体量和场地条件上与自己项目任务相似的建成案例做类型分析，并形成研究小结。在中期阶段要求学生结合自己毕业设计条件发展出若干转译类型草案，并从中选型，与教师商讨确定方案后，不断深化方案，直至终期阶段初步形成自己的设计范式。让每位学生在毕业时获得自己的范式是一种美好愿景，学生们的毕业设计在实际操作中并不一定会完全按既定的剧本执行，作为教师应该鼓励毕业设计环节的开放式探讨，在每一个子阶段以类型学方法对每位学生的学习状态做有效的微监控即可。

在 2019 年开题阶段的教学中，鼓励学生加强对合院住宅原型和既有环境的调查研究，通过原型研究得来的认识，整理街道公共空间，并通过更新设计，对公共菜场、茶餐厅、休闲娱乐空间功能进行重新组织。在建筑的更新方案上，充分尊重原有城市合院肌理，只对危旧部分进行微改建、微加建，持续研究四合院空间的组织方法，力求在更新后保持原有街区的历史风貌（图 4-29）。

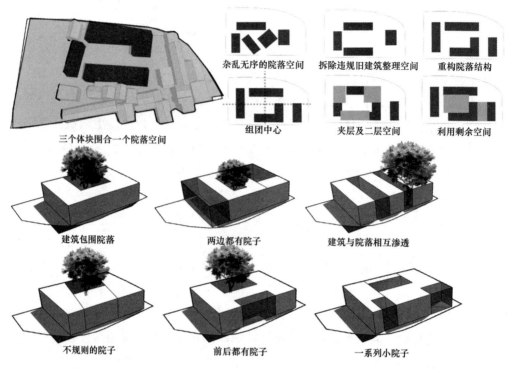

杂乱无序的院落空间　　拆除违规旧建筑整理空间　　重构院落结构

组团中心　　夹层及二层空间　　利用剩余空间

三个体块围合一个院落空间

建筑包围院落　　两边都有院子　　建筑与院落相互渗透

不规则的院子　　前后都有院子　　一系列小院子

图 4-29　院落与建筑的组合类型分析（吴定聪绘制）

在近两年的毕业设计中，师生针对本土城乡环境更新面临的新情况，持续在该方向展开研究和探索。教师着重引导学生关注项目既有条件，并在更新方案中做出积极回应。

4.4.2.1　废弃厂区空间更新研究

在 2022 年的毕业设计中，笔者组织学生参与到第一届匠作奖全国大学生室内空间设计竞赛中，该竞赛任务的场地位于浙江省龙泉市国境药厂，是一个工业建筑园区的改造更新项目。

原始厂区内部由于闲置时间较长，道路交通系统已经基本瘫痪，亟待重新规划梳理。厂区内部绿植数量虽然不少，但长期疏于修剪打理，公共景观难言美感。绿植也遮挡住了既有厂房建筑，加之厂房建筑本身缺少特点，使整个厂区空间识别性较差。项目的设计任务中对于深处绿植当中的凉亭有明确的保留要求，这也给此处环境的更新与再利用增加了难度。场地内部的既有建筑共有四组，标号由南向北依次为 18-19♯、17♯、16♯、15♯。尽管规划任务对四组建筑已有明确的功能安排，但旧的厂房建筑整体上色彩单一，外观形象较为呆板、沉闷，屋顶透气性较差，建筑内部在空间上也缺少划分，如果不做适宜的更新改造，显然不符合现代城市生活对该场所形象与空间上的诉求（图 4-30）。

图 4-30　厂区现状

对于改造类项目而言，应秉承的基本态度是避免设计、施工中的大拆大建。教师在教学中预先针对场地信息，整理既有建筑空间要素的更新价值量表，可以对厂区内部的信息要素做有针对性分层排序，让学生对活化价值高的内容优先做出原型研究，使学生开题报告后的毕业设计工作能够较为高效开展（表 4-9）。

表 4-9　废旧厂区空间更新价值研判表

符号类型	符号载体内容	记忆时效	空间更新潜力	活化价值	传承等级	国境药厂对应信息
厂房形象	建筑外观造型	较长	较高	高	优先	A 地块 5 处不同外观厂房
	比例与尺度	中等	较高	高	优先	5 处厂房尺度各异，内部空间较大
	材料与色彩	较长	中等	中	一般	混凝土外墙、白色涂料、废砖瓦

符号类型	符号载体内容	记忆时效	空间更新潜力	活化价值	传承等级	国境药厂对应信息
建筑结构	屋顶结构（桁架等）	较长	较高	高	优先	A地块17♯楼屋顶、B地块木桁架
	建筑主体结构	较长	较高	高	优先	A地块5处厂房结构、B地块3处
	建筑内外楼梯	中等	中等	中	一般	现状留有部分内部楼梯，但状态较差
机械设备（内、外）	外露线路管道	较长	较高	高	优先	无对应内容
	桥式起重机	中等	中等	中	一般	无对应内容
	油罐	中等	较低	中	一般	无对应内容
	机械臂	中等	较低	低	一般	无对应内容
构筑物	烟囱	较长	较高	高	优先	无对应内容
	水塔	较长	较高	高	优先	B地块29♯组团闲置水塔
	桥梁	较长	较高	高	优先	无对应内容
	过滤池	较短	中等	低	一般	无对应内容
景观绿植	亭台	较长	较高	高	优先	A地块15♯、16♯楼之间保留亭
	公共雕塑	中等	中等	中	优先	无对应内容
	乔灌草	中等	中等	中	一般	A地块的三处集中，B地块两处分散
道路交通	水平交通	较长	较高	高	优先	A、B地块现状荒废地面道路肌理
	垂直交通	较长	较高	高	优先	A、B地块各处荒废楼梯、坡道

通过引导学生重塑地域建筑形象（图4-31）、营造活力通道（图4-32）、既有结构再利用（图4-33）、既有景观梳理（图4-34）、规划递进式业态发展等方式、对国境药厂旧园区进行了空间与业态的更新。初步表明在此类项目设计实施过程中，通过场所记忆传承策略下的可持续设计方法，将厂区空间改造纳入到一个分阶段、递进式的城市运行体系中，在项目中积极探索既有场地肌理、建筑结构、建筑材料、景观植被等要素的活化利用方法，能够给当地日后发展带来可持续的效益。

4.4.2.2　乡村民宿空间更新研究

2023年城乡环境更新方向的毕业设计，围绕大兴区龙头村的公共空间更新项目展开，此轮教学针对目前不少乡村在更新改造过程中出现的建筑风貌城市化、均质化问题，尝试引导学生给出自己的解决方法。让更新后的乡村建筑保持本土特征的同时，焕发当代的生机。

龙头村地处大兴区礼贤镇北部，是一个相对独立的村庄。村庄聚居区轮廓近似方形，规划有多个非遗工坊，力求打造"龙头百工"特色旅游路线，吸引游客驻留。村域地势平坦，周围遍布农田与林地，村内街道肌理相对规则，民居以院落式布局为主，建筑大都为现代硬山形象，较为呆板，缺少本土特色。在村西北侧有一处较大的蓄水池，沿村落外围环绕一圈蓄水沟。拟建民宿用地面积为 $1770m^2$，位于村落西南侧陶瓷工坊附近，场地平面为规整长方形（图 4-35）。因地处大兴机场附近，建筑限高为 7 米。从自然条件上看，这里与古人所说的"依山傍水"的理想栖居意境尚有一定差距。应尝试在建筑形象、空间营造上寻求突破，通过设计创造有地域特征的栖居环境。

图 4-31　重塑地域建筑形象

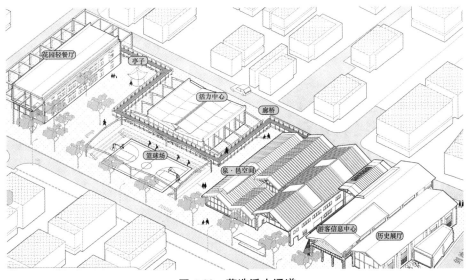

图 4-32　营造活力通道

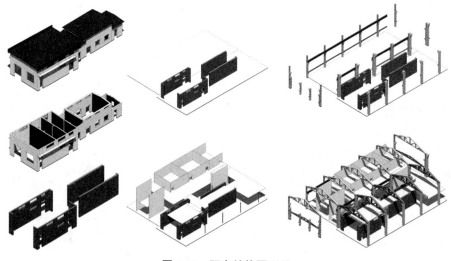

图 4-33　既有结构再利用

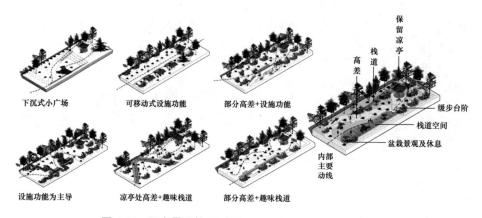

下沉式小广场　　可移动式设施功能　　部分高差+设施功能

设施功能为主导　　凉亭处高差+趣味栈道　　部分高差+趣味栈道

内部主要动线

保留凉亭

栈道

高差

缓步台阶

栈道空间

盆栽景观及休息

图 4-34　既有景观梳理（图 4-31 至图 4-34 侯劭龙绘制）

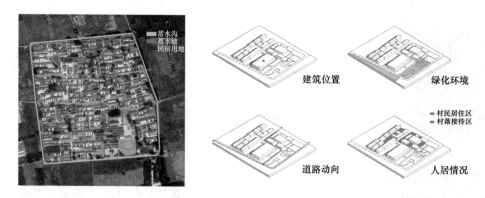

建筑位置　　绿化环境

道路动向　　人居情况

蓄水沟
蓄水池
民宿用地

村民居住区
村落接待区

图 4-35　龙头村民宿用地现状

在该项目的方案设计中，依然鼓励学生运用类型学方法推演出具有本土地域特色的民宿设计方案。依托本土合院式住宅原型，通过在空间中引入地域设计要素的冲突与互动，研判地域主义设计方法在解决具体设计问题时的有效性，打造有地域特征的本土民宿建筑空间。在完成开题报告后，教师将该项目进行本土转译需要研判的内容制作简易量表，引导学生对照场地信息，梳理各项设计内容的工作程序，并对其中的关键要素进行重点回应（表4-10）。

表4-10　民宿建筑更新需关注的转译信息

转译要素	需关注内容	传承价值	对建成空间影响	转译优先度
平面布局	场地特征、日照通风、院落布局方式、地形变化对平面布局的影响情况、各类流线的组织方式	高	大	高
屋顶形式	五种主要传统屋顶形式及做法、宋式、清式举折举架结构做法、南北方屋顶差异	较高	较大	高
建筑结构	传统大木作特征、南北方结构体系差异、传统砖石建筑结构特征	较高	大	较高
建筑材料	木、土、砖、石、竹等材料使用方式及回收利用方式	较高	较大	较高
功能业态	精品住宿与普通住宿的互动方式、公共服务空间与私密空间的互动方式、交通游走体验与静态观想体验的互动方式	中	较大	中
空间叙事	经营方式、人与人之间的互动方式、形成场所记忆的多元途径	较高	中	中
界面装饰	建筑内外立面装饰、门窗屋檐等处装饰	较低	较低	低

由于龙头村民宿用地尚不完全具备中国传统的自然栖居条件，需要引导学生以恰当的设计策略重建一种富有画意的自然环境，让人们在空间中建立起自然栖居的观想方式，传统的人居文化才得到较好的传承。考虑到当地民居普遍为北方合院式住宅，在尊重当地人居特征的前提下，新建民宿的基础格局仍然以合院式布局进行组织，通过创设有山峦意向的建筑组团和自然有机的游走空间，营造山林间的自然氛围，延续并进一步丰富当地的住宅肌理。

郭熙曾提出山水画"三远"的看法，其描述的是山势在身体位置中的观感变化，这种空间层次的表述对于营造饱含本土特征的空间氛围同样具有积极的导向意义。在此次民宿设计项目中，通过对硬山坡屋面的重组设计，改变村落中现代硬山的刻板建筑形象，配合民宿立体蜿蜒的交通和绿植，让空间产生"高远、深远、平远"效果，将建筑有机融入中国山水意境，人们置身民宿能够获得"自山下而仰山巅""自山前而窥山后""自近山而望远山"的自然意趣体验（图4-36）。此外，通过适度增加人们的行走距离，让建筑外观在产生变化的同时丰富居民的游走路线。在剖面设计上，以高差、借景、理水等方式营造"三远"的行进体验。在建筑内部设有观水区，让人们置身其中能有山水画中"行、望、居、游"的情境（图4-37）。

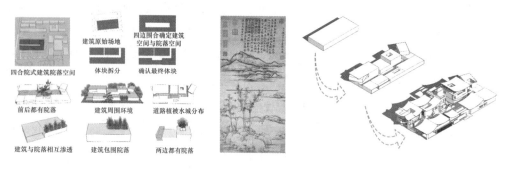

图4-36 "三远"空间推演（郑乙琳绘制）

图4-37 营造空间情境（郑乙琳绘制）

　　民宿建筑用地北侧为村民居住区，南侧规划为休闲娱乐区，规划有陶瓷工坊，在民宿功能的基础上引入了陶瓷工坊体验区、陶瓷展示、文创售卖类衍生空间。从地域上说，本土陶瓷分南派和北派，在制作工艺和造型色彩上均有各自的特征，如果将两种功能纳入到同一个空间中，容易在空间与流线上产生矛盾与冲突，但也容易让人们产生有趣的空间互动体验，学生在此次毕业设计中尝试营造出尊重场地条件的兼具南北方特征的建筑。在建筑设计上分别提取了南方的青瓦白墙、涂料、木结构、天井、廊道等做法以及北方的四合院布局、红墙、夯土墙、砖石做法。通过对信息的整合，让学生以类型学的方法对建筑体块进行分析，选择较为完善的外观形式和体块关系进行组合，得出建筑组团初步形态。另外，从民宿本体功能角度，教师引导学生持续探索同一时空下更为有趣的冲突体验，通过立体的交通路径将公寓民宿与别墅民宿的体验共同纳入进来，在满足多层次经营需要的同时，丰富了空间的体验。

在此次毕业设计过程中，积极鼓励学生延续对本土"建构"内容的思考。材料、结构、构造是建筑的本体逻辑表现，借助现代手段对这些内容进行研究，在一定程度上转译传统营造教育中的"识器""辨材""习艺"等内容。

民宿建筑方案最终由两种主要结构体系组合而成，分别为木结构体系和混凝土＋砌体的混合结构体系。木结构是中国传统建筑主要的结构类型，将其引入现代建筑中能够对中国传统营造文化进行有效的传承。但北方传统硬山民居在建筑形象和空间布局上略显呆板，与传统文人山水般的自然栖居氛围相悖。在这里依托陶瓷工坊中南北方陶瓷在业态内容上的碰撞，适度引入南方木结构屋面的做法，并对传统举折做法适度进行强调和优化，让坡屋面形成更为柔美的曲线。坡屋顶木构部分用木桁架榫卯搭建形成，便于构件更换和维护。除了屋顶以及少量立柱，剩余结构部分采用钢筋混凝土结构辅以砖石墙，用于建构民宿的各类功能空间（图 4-38）。有别于一般的使用方式，这里的两种结构尝试形成更多有趣的冲突和互动。比如在屋顶女儿墙处运用钢混结构做排水构造，雨季时雨水从扁平的排水口倾泻到下层木构青瓦屋顶上，形成类似小瀑布的景观。当水落到一层屋顶后继续向下跌落到一层的水

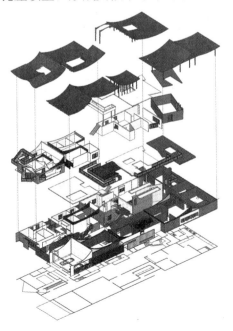
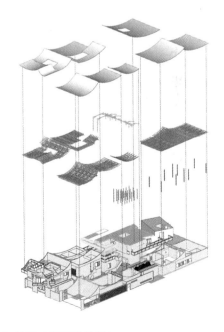

图 4-38　具有本土特征的结构与材料（郑乙琳绘制）

池中，水位线超出后，再从水池出水口流入庭院内部的排水口中，最终汇入村落西侧的蓄水沟。这类做法在回应场地条件的同时，也让身处民宿的旅行者能够惬意地观水、听雨、冥想，营造出自然和谐的栖居体验。

人是建筑空间中的主要行为参与者，人们在空间中的行为活动会留下行为记忆。这种行为记忆会影响使用者对建筑空间的情感和感受，使他们对该空间产生特殊的记忆和联想。空间则是诸多人类行为的载体，是对场所历史记忆的物化，由之产生的场所精神代表"对某个地方的认同感和归属感"。在乡村社会中，村民对生活交往场所的情感需求尤为强烈。因此，该处民宿建筑空间应该满足并促进村民与村民、村民与外来者、外来者与外来者之间的交往行为，进而演绎出更多空间中的故事，最终形成彼此对该场所的认同和归属感。在建筑内部设有较多的游走及活动的空间，不仅能够满足住宿、餐饮等必然的交流，还能够发生很多偶然的相遇。另外，借助现代技术手段吸引更多的青年群体，通过专属 App 辅助民宿运营，在线上营造空间VR 穿越体验，在线下打造网红打卡地点，创设多元化的生活和消费场景，各类交往行为由专属 App 统一协调管理，共同形成此处建筑空间的故事线索，将该建筑新的故事持续传播、传颂下去（图 4-39）。

图 4-39 空间叙事的多样可能性（郑乙琳绘制）

通过此次毕业设计可以让学生意识到，适当引入地域要素的冲突与互动能够增强空间场所的识别性，形成当地可持续传承的地域特征。对民宿建筑本土化的转译，可以借助对当地乡土设计要素的研判，获得事半功倍的效果。在屋顶形式、平面布局、建筑结构、建筑材料、功能业态、空间叙事、界面装饰七个方面可以给予重点关注，按照五级排序标准对七个要素情况给出基本研判，有利于在后续的同类项目实践中有的放矢，提升设计实践的效率。

4.5　本土营造视角下的特色课程群建构

将新的知识、技能融会贯通从来不是一蹴而就的，必须要有一个相对持续的学习过程。在本土营造相关内容的教学上，凭借一门课程想达成全部教学目标，并不符合认识规律，应该将若干关联紧密的课程有序组织在一起，发挥出课程群对于教学的作用。

课程群的设置应该基于相对统一的教学目标，以及具有关联性的教学内容和评价方式。从第一章内容可以看到，传统营造原型中的内容可以分为意匠和工法两大类，课程群的内容组织应该与这两类内容建立长期的、积极的关联。按照内容上的联系，本土营造特色课程群将串联起 5 门课程，分别为设计方法、建筑史、家具设计、可持续设计、毕业设计，开课时间从第 3 学期延续至第 8 学期，持续性较好。通过前文的课程实践研究也可以看出，围绕本土营造原型开展的递进式类型转译活动能够比较有效地收获本土设计成果。因此，课程群内的多门课程在组织逻辑上适合以学生"获得原型研究能力""获得本土转译能力""形成自身设计范式"的递进式教学目标进行串联组织。这一课间关系较为符合认知规律，有利于课程群内各门课程之间的内容衔接，并以比较高效的方式运行（图 4-40）。

经过教学化梳理后，可以将意匠类原型内容中的"天地人和宇宙观""阴阳有序的世界观""因势利导的思想""遵循礼制的人居环境秩序"，以及工法类原型内容中的"材料""结构""形态""色彩""法规制度"分别以 A_x 及 B_x 进行抽象指代。可以对照梳理每轮次教学中，课程群内部各门课程的重点关注内容，有助于梳理每轮次教学的内容主线，以及课程之间内容的关联方式（表 4-11），为下一轮教学在此基础上的更新做好充分准备。

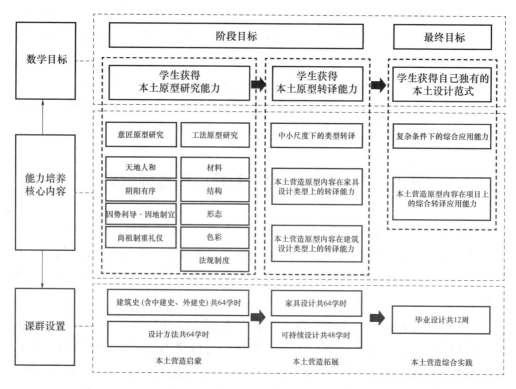

图 4-40　本土营造特色课程群教学框架

表 4-11　2018—2022 年本土营造特色课程群各系列活动优先关注的内容

开课学期	课程名称		关注内容									关注数量
			意匠类				工法类					
			A_1	A_2	A_3	A_4	B_1	B_2	B_3	B_4	B_5	
3	设计方法 64 学时	活动一		●	●		●	●	●			5
		活动二		●	●		●	●	●		●	6
		活动三	●	●	●		●	●	●	●	●	8
4～5	建筑史 64 学时	活动一	●	●	●	●	●	●	●	●	●	9
		活动二	●	●	●	●	●	●			●	7
		活动三	●	●	●	●	●	●	●	●		8
4	家具设计 64 学时	活动一	●	●	●		●	●	●		●	7
		活动二	●	●	●		●	●	●	●	●	8
		活动三	●	●	●		●	●	●	●	●	8
6	可持续设计 48 学时	活动一	●	●	●	●	●	●	●		●	8
		活动二	●	●	●		●	●	●	●	●	8

续表

开课学期	课程名称		关注内容									关注数量
			意匠类				工法类					
			A_1	A_2	A_3	A_4	B_1	B_2	B_3	B_4	B_5	
7~8	毕业设计12周	开题	●	●	●	●			●	●	●	7
		中期	●	●	●		●	●	●	●		8
		终期			●		●	●	●	●	●	6
备注			北京联合大学环境设计专业设计方法课程，在 2023 版培养方案中调整为 48 学时，首次执行时间为 2024 年；建筑史课程在 2023 版培养方案中取消，原课程内容分别融入两门新课程，名称调整为"传统营造 1""传统营造 2"，各为 32 学时，首次执行时间为 2025 年。									

需要关注的是，课程群内的各门课程在内容设置和教学活动安排上，应该有适当的相互交叉和渗透，而不应采取泾渭分明的内容设置方式。比如在建筑史和设计方法课程的教学上，尽管两门课程的重点目标是让学生获得本土原型研究能力，但是也会涉及本土原型转译的内容并设计相关的教学活动。意在让学生逐步熟悉本土设计转译的思维和工作方法，为后续阶段的课程学习做好准备。而在家具设计和可持续设计课程中也仍然会有原型研究的内容，只是因侧重的不同而相应减小该部分学时所占比例。通过这样的教学设计，加强课程之间的关联。

课程群内的各门课程在考核评价方面也应采取较为统一的导向，紧密围绕学生毕业时应具备的核心能力，设计课程群整体考评指标和各门课程自身的考评指标，并在课程之间探讨关联式评价的方法。从以往的教学案例来看，应用型高校课程群的评价方式普遍还不够明晰，除了缺少相对清晰的整体评价目标，在课间关联评价方面也普遍存在问题，很多时候虽然名为课程群，但是考评方式仍然停留在课程本身的评价层面上。

针对这一问题，笔者以过往的教学实践为基础，在本土营造课程群内部积极探索课程之间的关联评价方式。除了考虑环境设计专业通用人才培养指标，以及课程群内部课程共同关注的考核权重指标外，设计出积极的评价制度用于激发师生在教学过程中的活力极为重要，此举也能对教学过程实现良性的监控。具体来说，在课程群内部除了设计方法课程开设于第 3 学期，建筑史、家具设计、可持续设计课程开课时间更晚，几乎在之后的第 4 至第 7 学期都有分布。设计方法课程的教学内容和教学成果无疑是其他几门课程的通用基础，该课程的学习质量也无疑会对后续课程的学习效果产生影响。因此在之后的建筑史等课程的考评方面，应该充分考虑学生对于设计方法这一重要基础课程的学习效果。如果一个学生在前置课程的学习成绩不及格，那么由于本土营造教学内容较为特殊的递进式关联，将较难相信他可以在后续课程的学习上有翻天覆地的变化。课程群内的其他课程也在前后关联评价上适当延续这一思路，给予适度的压力从而激发师生的教学活力。课程群内部每一门独立课程的评价会折算为百分数，在课程群整体评价中占据一定比例，学生在经历课程群全部课程教学后，最终会形成每位学生的课程群成绩，这个成绩除了能够较为客观地反映学生在系列课程中的表现，也能作为学生在该课程群评奖、评优的重要参考（表4-12）。

表 4-12

开课学期	课程名称		考核评价权重							占整个课程群比重
			课程考评权重					课程之间考评权重		
			学生	教师	降权条件	降权说明	占总成绩比重	降权条件	降权说明	
3	设计方法 64学时	活动一	—	100%	—	—	20%	—	—	20%
		活动二	40%	60%	活动一未达60分	起评分扣除5%	30%			
		活动三	40%	60%	活动二未达60分	起评分扣除10%	50%			
4~5	建筑史 64学时	活动一	40%	60%	—	—	30%	设计方法课程未达60分	起评分扣除5%	25%
		活动二	40%	60%	活动一未达60分	起评分扣除5%	40%			
		活动三	40%	60%	活动二未达70分	起评分扣除5%	30%			
4	家具设计 64学时	活动一	20%	80%	—	—	20%	1. 设计方法课程未达60分 2. 建筑史课程未达70分	一门未达要求则起评分扣除5%，最多扣除不超过8%	15%
		活动二	40%	60%	活动一未达60分	起评分扣除5%	40%			
		活动三	60%	40%	活动二未达70分	起评分扣除5%	40%			
6	可持续设计 48学时	活动一	40%	60%			40%	1. 设计方法课程未达60分 2. 建筑史课程未达70分	一门未达要求则起评分扣除5%，最多扣除不超过8%	20%
		活动二	40%	60%	活动一未达70分	起评分扣除5%	60%			
7~8	毕业设计 12周	开题	20%	80%	—	—	20%	1. 设计方法课程未达60分 2. 建筑史课程未达70分 3. 家具设计课程未达70分 4. 可持续设计课程未达70分	一门未达要求则起评分扣除5%，最多扣除不超过16%	20%
		中期	40%	60%	开题报告未达70分	起评分扣除5%（组内）	40%			
		终期	40%	60%	中期检查未达70分	起评分扣除5%（组内）	40%			

　　需要指出的是，教师所做的教学制度的设计推演，绝非越复杂越好，也并非要在每轮的教学中全部执行，教学研究的目标应该更多放到促使教师和学生保持教学活力的层面，使教学制度成为本土特色教学的催化剂而不是成为教学的主角。不少内容也需要教师自己心中有数，比如一些评价指标的权重关系，如果全部下发让学生以此进行评价，势必让初次接触专业的学生不明所以，导致教学效率降低。如果教学中需要让学生参与评价，必须有更为简明的考评设计，比如任务的量化执行评价、递进成效评价、实操环节用时的长短、流程的规范性以及成果在破坏性实验中的表现等，务必让评价环节直观、客观，才可能实现以学生为中心的成果评价制度。

图片来源

图 1-1　原素材来自杨鸿勋.明堂泛论——明堂的考古学研究［C］.中国社会科学院，1998：39-132，笔者重新编辑

图 1-2　笔者自绘

图 1-3　笔者自绘

图 1-4　原素材来自陈明达.应县木塔［M］.北京：文物出版社，2001，笔者重新编辑、绘制

图 1-5　笔者自绘

图 1-6　笔者自绘

图 1-7　原素材来自 https：//www. archdaily. mx，笔者重新编辑

图 1-8　笔者自摄

图 1-9　笔者自绘

图 1-10　笔者自摄

图 1-11　笔者自摄

图 1-12　引自 https：//www. douban. com/note/794801177/? type＝like＆＿i＝4689436O4qqHhb

图 1-13　笔者自绘

图 1-14　原素材来自马炳坚.中国古建筑木作营造技术［M］.北京：科学出版社，2003，笔者重新编辑

图 3-1、图 3-2　原素材来自齐康，黎志涛.杨廷宝全集［M］.北京：中国建筑工业出版社，2021，笔者重新编辑

图 3-3　笔者自绘

图 3-4　笔者自绘

图 3-5　笔者自绘

图 3-6　笔者自绘

图 3-7　帕提农神庙平面图素材来自 https：//www. goldennumber. net/parthenon-golden-ratio-design/，笔者重新编辑

图 3-8　笔者自绘

图 3-9　笔者自绘

图 3-10　笔者根据温泉.西南彝族传统聚落与建筑研究［D］.重庆大学，2015 所载图片编辑绘制

图 3-11　笔者自绘

图 3-12　笔者自绘

图 3-13　笔者自绘

图 3-14　笔者自绘

图 3-15　来自刘少帅，梁飞 . 现代藤椅的设计与实施方法［J］. 装饰，2016（05）：86-88，笔者重新整理

图 3-16　笔者自摄

图 3-17　笔者自摄

图 3-18　笔者自摄

图 3-19　笔者自摄

图 3-20　笔者自绘、自摄

图 3-21　笔者自绘

图 3-22　笔者自摄

图 3-23 至图 3-32　来自刘少帅，梁飞，袁琨 . 杆件化插接视角下的瓦楞纸家具装饰设计研究［J］. 家具与室内装饰，2023，30（8）：54-59

图 4-1　引自王澍 . 国美之路大典·建筑艺术卷·本土营造［M］. 杭州：中国美术学院出版社，2018

图 4-2　原素材来自 https：//socks-studio. com/2016/06/30/john-hejduks-diamond-house-a-1963-1967/，笔者重新编辑

图 4-3　左图来自 https：//www. artdesigncafe. com/theo-van-doesburg-painting-toward-architecture，右图来自 https：//lecorbusier-worldheritage. org/en/1887-1917

图 4-4　原素材来自笔者指导的课程作业，笔者重新编辑

图 4-5　笔者自绘

图 4-6　原素材来自笔者指导的课程作业，笔者重新编辑

图 4-7　原素材来自笔者指导的课程作业，笔者重新编辑

图 4-8　原素材来自笔者指导的课程作业，笔者重新编辑

图 4-9　原素材来自笔者指导的课程作业，笔者重新编辑

图 4-10　原素材来自笔者指导的课程作业，笔者重新编辑

图 4-11　原素材来自笔者指导的课程作业，笔者重新编辑

图 4-12　笔者自绘

图 4-13　笔者自绘

图 4-14　笔者自绘

图 4-15　原素材来自笔者指导的课程作业，笔者重新编辑

图 4-16　原素材来自笔者指导的课程作业，笔者重新编辑

图 4-17　原素材来自笔者指导的课程作业，笔者重新编辑

图 4-18　原素材来自 https：//www. hebeimuseum. org. cn/，笔者重新编辑

图 4-19　笔者自绘

图 4-20　原素材来自笔者指导的课程作业，笔者重新编辑

图 4-21　笔者自摄

图 4-22　原素材来自笔者指导的课程作业，笔者重新编辑

图 4-23　原素材来自笔者指导的课程作业，笔者重新编辑

图 4-24　原素材来自笔者指导的课程作业，笔者重新编辑

图 4-25　原素材来自笔者指导的课程作业，笔者重新编辑

图 4-26　原素材来自笔者指导的课程作业，笔者重新编辑

图 4-27　原素材来自笔者指导的课程作业，笔者重新编辑

图 4-28　原素材来自笔者指导的课程作业，笔者重新编辑

图 4-29　原素材来自笔者指导的毕业设计

图 4-30 至图 4-34　来自侯劭龙，刘少帅. 基于场所记忆传承的旧厂区空间改造研究：以龙泉市国境药厂为例［J］. 城市建筑空间，2023，30（1）：63-65

图 4-35　原素材来自笔者指导的毕业设计，笔者重新编辑

图 4-36　原素材来自笔者指导的毕业设计，笔者重新编辑

图 4-37　原素材来自笔者指导的毕业设计，笔者重新编辑

图 4-38　原素材来自笔者指导的毕业设计，笔者重新编辑

图 4-39　原素材来自笔者指导的毕业设计，笔者重新编辑

图 4-40　笔者自绘

文中表格均为笔者自绘，表中图片均为笔者自摄、自绘。

参考文献

中文著作

[1] 陈明达 . 应县木塔 [M] . 北京：文物出版社，2001.

[2] 陈明达 . 蓟县独乐寺 [M] . 天津：天津大学出版社，2007.

[3] 陈志华 . 外国建筑史 [M] . 4 版 . 北京：中国建筑工业出版社，2010.

[4] 东南大学建筑学院学科发展史料编写组 . 东南大学建筑学院学科发展史料汇编：1927—2017 [M] . 北京：中国建筑工业出版社，2017.

[5] 董豫赣 . 玖章造园 [M] . 上海：同济大学出版社，2016.

[6] 黄云皓 . 图解红楼梦建筑意向 [M] . 北京：中国建筑工业出版社，2006.

[7] 赫伯特·克莱默，顾大庆，吴佳维 . 基础设计·设计基础 [M] . 北京：中国建筑工业出版社，2020.

[8] 井中伟，王立新 . 夏商周考古学 [M] . 2 版 . 北京：科学出版社，2022.

[9] 贾倍思 . 型和现代主义 [M] . 北京：中国建筑工业出版社，2003.

[10] 计成 . 园冶注释 [M] . 北京：中国建筑工业出版社，1981.

[11] 马炳坚 . 中国古建筑木作营造技术 [M] . 北京：科学出版社，2003.

[12] 梁思成 . 图像中国建筑史 [M] . 北京：生活·读书·新知三联书店，2011.

[13] 刘敦桢 . 中国古代建筑史 [M] . 北京：中国建筑工业出版社，2008.

[14] 刘敦桢 . 中国住宅概说：传统民居 [M] . 武汉：华中科技大学出版社，2018.

[15] 李诚 . 《营造法式》图样（上、下卷）[M] . 北京：中国建筑工业出版社，2007.

[16] 李允鉌 . 华夏意匠 [M] . 天津：天津大学出版社，2005.

[17] 刘大可 . 中国古建筑瓦石营法 [M] . 北京：中国建筑工业出版，1993.

[18] 彭一刚 . 中国古典园林分析 [M] . 北京：中国建筑工业出版社，1986.

[19] 潘谷西 . 中国建筑史 [M] . 6 版 . 北京：中国建筑工业出版社，2009.

[20] 潘德华，潘叶祥 . 斗栱 [M] . 南京：东南大学出版社，2017.

[21] 齐康，黎志涛 . 杨廷宝全集 [M] . 北京：中国建筑工业出版社，2021.

[22] 孙机 . 汉代物质文化资料图说：增订本 [M] . 上海：上海古籍出版社，2011.

[23] 汤崇平 . 中国传统建筑木作知识入门：传统建筑基本知识及北京地区清官式建筑木结构、斗

栱知识［M］．北京：化学工业出版社，2016.

［24］童寯．江南园林志［M］．北京：中国建筑工业出版社，1984.

［25］胡友培．南京大学建筑与城市规划学院建筑系教学年鉴：2019—2020［M］．南京：东南大学出版社．2020.

［26］王受之．世界现代建筑史［M］．2版．北京：中国建筑工业出版社，2012.

［27］王效清．中国古建筑术语辞典［M］．北京：文物出版社，2007.

［28］王澍．造房子［M］．长沙：湖南美术出版社，2016.

［29］王澍．国美之路大典·建筑艺术卷·本土营造［M］．杭州：中国美术学院出版社，2018.

［30］徐怡涛．山西万荣稷王庙建筑考古研究［M］．南京：东南大学出版社，2016.

［31］姚承祖．张至刚增编/刘敦桢校阅，营造法原［M］．北京：中国建筑工业出版社，1986.

［32］杨鸿勋．江南园林论［M］．北京：中国建筑工业出版社，2011.

［33］周至禹．其土石出［M］．北京：中国青年出版社，2011.

［34］朱雷．空间操作［M］．南京：东南大学出版社，2010.

［35］中国科学院自然科学史研究所．中国古代建筑技术史［M］．北京：中国建筑工业出版社，2016.

［36］中国国家博物馆．中国国家博物馆馆藏文物研究丛书．绘画卷．历史画［M］．上海：上海古籍出版社，2006.

中文译著

［1］艾文·钱尼建筑学院．库柏联盟：建筑师的教育［M］．林尹星，薛皓东，译．台湾：圣文书局股份有限公司，1998.

［2］安德烈·德普拉泽斯．建构建筑手册：材料·过程·结构［M］．任铮钺，袁海贝贝，李群，等译．大连：大连理工大学出版社，2007.

［3］阿恩海姆．艺术与视知觉［M］．滕守尧，朱疆源，译．四川：四川人民出版社，1998.

［4］程大锦．建筑：形式、空间和秩序［M］．4版．刘丛红，译．天津：天津大学出版社，2018.

［5］丹·克鲁克香克．弗莱彻建筑史［M］．郑时龄，支文军，等译．北京：知识产权出版社，2011.

［6］丹尼尔·李布斯金．破土：生活与建筑的冒险［M］．吴家恒，译．北京：清华大学出版社，2009.

［7］富永让．勒·柯布西耶的住宅空间构成［M］．刘京梁，译．北京：中国建筑工业出版社，2005.

［8］吉迪恩．空间·时间·建筑［M］．王锦堂，孙全文，译．武汉：华中科技大学出版社，2014.

［9］肯尼斯·弗兰姆普敦．建构文化研究［M］．王骏阳，译．北京：中国建筑工业出版

社，2007.

[10] 肯尼斯·弗兰姆普敦. 现代建筑：一部批判的历史［M］. 张钦楠，译. 北京：三联书店，2004.

[11] 柯林·罗，等. 透明性［M］. 金秋野，王又佳，译. 北京：中国建筑工业出版社，2008.

[12] 克里斯蒂安·诺伯格-舒尔茨. 巴洛克建筑［M］. 刘念雄，译. 北京：中国建筑工业出版社，2000.

[13] 莱昂·巴蒂斯塔·阿尔伯蒂. 建筑论［M］. 王贵祥，译. 北京：中国建筑工业出版社，2010.

[14] 维特鲁威. 建筑十书［M］. 高履泰，译. 北京：知识产权出版社，2001.

[15] 鲁道夫·维特科尔. 人文主义时代的建筑原理［M］. 刘东洋，译. 北京：中国建筑工业出版社，2016.

[16] 芦原义信. 外部空间设计［M］. 尹培桐，译. 南京：江苏凤凰文艺出版社，2017.

[17] 勒·柯布西耶. 走向新建筑［M］. 陈志华，译. 西安：陕西师范大学出版社，2004.

[18] 马克·安吉利尔，德尔克·黑贝尔. 欧洲顶尖建筑学院基础实践教程（上、下）［M］. 祁心，苏文婷，王云石，译. 天津：天津大学出版社，2011.

[19] 曼弗雷·多塔夫里，弗朗切斯科·达尔科. 现代建筑［M］. 刘先觉，译. 北京：中国建筑工业出版社，2000.

[20] 赫曼·赫茨伯格. 建筑学教程：设计原理［M］. 仲德崑，译. 天津：天津大学出版社，2003.

[21] 坂本一成，塚本由晴，岩冈竜夫，等. 建筑构成学［M］. 陆少波，译. 上海：同济大学出版社，2018.

[22] 皮亚杰. 发生认识原理［M］. 上海：商务印书馆，1981.

[23] 罗宾·埃文斯. 从绘图到建筑物的翻译及其他文章［M］. 刘东洋，译. 北京：中国建筑工业出版社，2018.

[24] 塞西尔·巴尔蒙德. 异规［M］. 李寒松，译. 北京：中国建筑工业出版社，2008.

[25] 扬·盖尔. 交往与空间［M］. 何人可，译. 北京：中国建筑工业出版社，2002.

外文著作

[1] FJELD P O. Sverre Fehn［M］. NewYork：The Monacelli Press，2009.

[2] ZOLLNER F，NATHAN J. Leonardo da Vinci［M］. Cologne：Taschen，2011.

[3] BELTRAMINI，ZANNIER G，SEDY I，et al. Carlo Scarpa［M］. NewYork：Rizzoli，2007.

[4] COLQUHOUN A. Modern Architecture［M］. London：Oxford University Press，2002.

[5] KOOLHAAS R. Delirious New York：A Retroactive Manifesto for Manhattan［M］. New-York：The Monacelli Press，1994.

学位论文

[1] 江滨 . 环境艺术设计教学新模型及教学控制体系研究［D］. 杭州：中国美术学院，2009.

[2] 刘少帅 . 室内设计四年制本科专业基础教学研究［D］. 北京：中央美术学院，2013.

[3] 马丽敏 . 建筑装饰装修形态视知觉感知中"度"的研究［D］. 南京：东南大学，2018.

[4] 钱锋 . 现代建筑教育在中国：1920s—1980s［D］. 上海：同济大学，2006.

[5] 温泉 . 西南彝族传统聚落与建筑研究［D］. 重庆：重庆大学，2015.

[6] 邬烈炎 . 艺术设计学科的专业基础课程研究［D］. 南京：南京艺术学院，2001.

[7] 吴旻瑜 . 安身立命：中国近世以来营造匠人的学习生活研究［D］. 上海：华东师范大学，2017.

[8] 张帆 . 基于有限元法的实木框架式家具结构力学研究［D］. 北京：北京林业大学，2012.

期刊文献

[1] 毕留举 . 瓦楞纸板家具设计中的结构形式分析［J］. 包装工程，2010，31（2）：14-17.

[2] 陈书琴 . 瓦楞纸民用家具设计之成败因素分析［J］. 装饰，2013（10）：115-116.

[3] 陈虹羽，张华平 . 基于仿生可移动建筑的瓦楞纸建筑实体空间建造设计技术方法［J］. 建筑技术开发，2019，46（7）：6-7.

[4] 傅祎，韩涛，韩文强 . 行动的物质呈现："木"营造毕业创作教学实录［J］. 中国建筑教育，2020（1）：18-23.

[5] 顾大庆 . 一石二鸟："教学即研究"及当今研究型大学中设计教师的角色转变［J］. 建筑学报，2021（4）：2-6.

[6] 顾大庆 . 空间：从概念到建筑：空间构成知识体系建构的研究纲要［J］. 建筑学报，2018（8）：111-113.

[7] 顾大庆 . 向"布扎"学习：传统建筑设计教学法的现代诠释［J］. 建筑学报，2018（8）：98-103.

[8] 韩文强 . 叠院儿［J］. 建筑学报，2018（6）：76-81.

[9] 何崴 . 关于乡村建筑设计的几点心得：从福建建宁县《上坪古村复兴计划》谈起［J］. 建筑学报，2018（12）：20-28.

[10] 侯劲龙，刘少帅 . 基于场所记忆传承的旧厂区空间改造研究：以龙泉市国境药厂为例［J］. 城市建筑空间，2023，30（1）：63-65.

[11] 贾亭立，郭菂 . 多层级与交叉的保暖设计系统：以北京东四头条至十条传统住区为例［J］. 建筑学报，2020，（2）：102-107.

[12] 江滨 . 美国室内设计教育现状及评析：以美国罗德岛设计学院和芝加哥艺术学院为例［J］.

南京艺术学院学报（美术与设计版），2011（4）：117-121，166.

[13] 李兴钢．文化维度下的冬奥会场馆设计：以北京 2022 冬奥会延庆赛区为例 [J]．建筑学报，
2019（1）：35-42.

[14] 李凡，朱竑，黄维．从地理学视角看城市历史文化景观集体记忆的研究 [J]．人文地理，
2010，25（4）：60-66.

[15] 林钊．福州华林寺大雄宝殿调查简报 [J]．文物参考资料，1956（7）：45-48，59.

[16] 梁飞，刘少帅，周义清．斗栱的榫卯原理及其对当代木结构设计的启示 [J]．古建园林技
术，2021（4）：68-72.

[17] 刘少帅，梁飞．现代藤椅的设计与实施方法 [J]．装饰，2016（5）：86-88

[18] 刘少帅，梁飞，袁琨．杆件化插接视角下的瓦楞纸家具装饰设计研究 [J]．家具与室内装
饰，2023，30（8）：54-59.

[19] 牛来颖．"功限"、"料例"与唐宋工程管理：《天圣营缮令》和《营造法式》的比较 [J]．
故宫博物院院刊，2019（10）：58-68，110.

[20] 钱晓冬，陈曦．走向营造的中国古建认知：苏州大学中国古建筑构造课程探索 [J]．中外建
筑，2015（7）：4.

[21] 王建国，葛明．补山、藏山、望山、融山：第 13 届中国（徐州）国际园林博览会综合馆暨
自然馆设计 [J]．建筑学报，2023（9）：69-73.

[22] 谢赫．符号学视角下明式圈椅对瓦格纳"中国椅"的影响研究 [J]．家具与室内装饰，2021
（5）：44-47.

[23] 喻梦哲．唐宋木构建筑材栔构成的数理原型与操作方法探赜 [J]．建筑学报，2022（2）：
60-67.

[24] 曾引．从哈佛包豪斯到德州骑警：柯林·罗的遗产（一）[J]．建筑师，2015（6）：36-47.

[25] 曾毓隽，涂康玮，尚伟．存量更新语境下"城市设计课程群"的构建与思考 [J]．华中建
筑，2023，41（6）：128-131.

[26] 朱锫．类型学与阿尔多·罗西 [J]．建筑学报，1992（5）：32-38.

[27] 张建中．艺术院校两段式教学衔接问题研究：以中国美术学院专业基础部设计分部为例 [J]．
艺术教育，2011（11）：60-61.

[28] 张彧，张嵩，杨靖．空间中的杆件、板片、盒子：东南大学建筑设计基础教学探讨 [J]．新
建筑，2011（4）：53-57.

[29] 张十庆．保国寺大殿复原研究（二）：关于大殿平面、空间形式及厦两头做法的探讨 [J]．
中国建筑史论汇刊，2012，（2）：161-192.

后　记

这本书是我以自己在北京联合大学的研究经历为基础写作完成的。尽管已经尽力校对了稿件，但受限于自己有限的学识，书稿仍有很多不足之处。一些内容只做了提纲式的讨论，一些观点也仅能反映我个人对中国传统营造的粗浅思考，希望未来可以继续提升自己的研学能力，将不足之研究逐一完善。

2010年秋，我进入张宝玮教授主持的中央美术学院建筑学院第三工作室攻读博士学位。张先生有着广阔的学术视野，尤其善于因材施教，在他的鼓励和帮助下，我能够一直保持对于建筑学、环境设计专业的教研兴趣，也希望能以自己的微末努力，为传承中华民族的优秀传统文化尽一份绵力。从撰写博士论文开始到今天，这份初心从未改变。

教学研究并不是一件讨巧的工作，需要许多年的积累和反思才可能取得让人信服的重要成果，比起科研项目和横向课题的高效率、高收益，自己做的教研方向在很多人看来属于"自讨苦吃"。但这种苦对于我个人来说，往往带有一份愉悦。每当看到有同学在我的引导下取得了大的进步，我的内心都会获得极大的满足，会觉得自己的思想在青年人那里有了新的延续和生长，这种特殊的感受或许是让自己保持初心的内因。从博士毕业至今已有10余年，我也已经步入不惑之年，在这个年纪保持初心或许不难，难的是还能有时间做关于初心的事情。在这里我必须要向自己年迈的父母和岳父母，向我的妻子致谢，没有你们的付出，我不可能还有做研究的时间和精力。同时也要向自己年幼的儿子致歉，作为父亲，对你的陪伴少了很多，我一定会尽力弥补。

由于求学期间的研究方向并非传统营造，很多相关知识需要自学，尽管前辈学者们的研究成果让我获益匪浅，但在书稿的酝酿阶段，自己仍有很多营造技术方面的事宜并未明晰。幸而通过一次营造交流活动结识了马炳坚老师，得到了马老师平易通俗的解惑。进入书稿的撰写阶段，我的妻子梁飞经常给予非常有益的建议，在素材的编辑整理上，妻子也提供了巨大的支持和帮助。书稿行将完成之时，徐冉老师对本书内容的结构层次提出了宝贵的修改建议，让我得以在较短时间内对书稿的行文逻辑做了有益的梳理。同样不能忘记的是过往曾与我一同进行教学研究的同事和同学们，让我在交流中不断收获新的思想和知识。

　　本书能够得以完成也离不开学校、学院的支持，要感谢的人还有很多很多，我唯有满怀感恩之心，不断提升自己，用更好的研究成果回馈这份信任和支持。